稻田
现代生产致富之道

DAOTIAN XIANDAI SHENGCHAN ZHIFU ZHIDAO

张玉屏　朱德峰　主编

中国科学技术出版社
·北　京·

图书在版编目（CIP）数据

稻田现代生产致富之道 / 张玉屏，朱德峰主编 . —北京：中国科学技术出版社，2019.1

ISBN 978-7-5046-7926-0

Ⅰ. ①稻… Ⅱ. ①张… ②朱… Ⅲ. ①水稻栽培 Ⅳ. ① S511

中国版本图书馆 CIP 数据核字（2018）第 294059 号

策划编辑	刘　聪
责任编辑	刘　聪
装帧设计	中文天地
责任校对	焦　宁
责任印制	徐　飞

出　　版	中国科学技术出版社
发　　行	中国科学技术出版社发行部
地　　址	北京市海淀区中关村南大街16号
邮　　编	100081
发行电话	010-62173865
传　　真	010-62173081
网　　址	http://www.cspbooks.com.cn

开　　本	889mm × 1194mm　1/32
字　　数	169千字
印　　张	6.5
版　　次	2019年1月第1版
印　　次	2019年1月第1次印刷
印　　刷	北京长宁印刷有限公司
书　　号	ISBN 978-7-5046-7926-0 / S · 746
定　　价	29.00元

编辑委员会

主　编

张玉屏　朱德峰

副主编

陈惠哲　向　镜　张义凯

参编人员

（按姓氏笔画排序）

王亚梁　朱德峰　朱从桦　向　镜

汤文光　张卫星　张义凯　张玉屏

陈惠哲　杨从党　董　琦

Preface 前言

水稻是我国主要粮食作物，近年来，水稻种植面积和总产量分别约占粮食作物总种植面积和总产量的 28% 和 38%。我国有 60% 的人口以稻米为主食，水稻高效生产对保障我国粮食安全具有举足轻重的作用。

随着我国社会经济快速发展，农业劳动力向其他产业大幅转移，导致劳动力成本大幅提高，水稻种植制度和种植方式也发生重大变化。南方稻区的双季稻面积大幅下降（70 年代中期双季稻面积占我国水稻总面积 70% 左右，近年下降到 40% 左右），单季稻面积则有所增加，这为稻田种植制度的调整和优质稻米的生产提供了机会。

科技进步和消费者食物结构的改变，使水稻生产从过去“吃得饱”转向了现在“吃得好、吃得健康”，市场对优质、绿色、安全稻米的要求更高。优质、优价对水稻提质增效起到了促进作用。我国部分水稻产区，特别是经济欠发达地区，水稻仍是其主要的经济作物，发展水稻高效种植模式、推进优质稻米产业化，是实现水稻增产增收的良好途径。我国南方经济欠发达地区，如大别山区、武陵山区、滇桂黔石漠化区、罗霄山区、乌蒙山区、秦巴山区及原中央苏区等，多数也是水稻产区，水稻产业的振兴和发展对提高农民收入、改善人民生活具有重要意义。

当前经济欠发达地区存在发展资金匮乏，且投资后回收期长的特性，对投资者的吸引力不强。此外，基础设施薄弱、交通设施及公共服务滞后、装备和技术不配套、农产品商品率低、农业市场化水平低等因素也在阻碍水稻高效生产。要发展水稻高效种植模式和推进稻米产业化，就得因地制宜，发挥资源优势，为经济欠发达地区的稻农提供技术支持。为此，我们根据各稻区存在的普遍问题组织编写了本书，对优质高产品种的选择、育秧、种植、肥水管理、种植制度、种养结合模式、抗灾减灾措施及稻米产业化等方面内容进行了详述，希望能为种植户提供更多增产创收途径，以供适宜地区稻农参考。

受笔者时间和水平所限，书中难免存有不足之处，敬请读者批评指正。

编　者

Contents 目录

第一章 水稻育秧

一、种子催芽

（一）品种选择

根据不同茬口、品种特性及安全齐穗期，选择当地农业部门主推的优质、高产、抗逆性强的品种。罗霄山区、武陵山区等双季稻区应选择生育期适宜的品种，如“中熟配早熟”“迟熟配早熟”“中熟配中熟”。

（二）种子处理

根据播期、种植方式提前推算好种子用量，以及浸种、催芽时间。

1. 精选种子　尽可能选用标准的商品种子，普通种子在浸种前要做好晒种、选种、发芽试验等工作。种子的发芽率要求在90% 以上，成苗率在 85% 以上。

采用传统盐水选种时，水液比重为 1.06～1.10（把新鲜鸡蛋放盐水中，浮出水面的蛋壳面积为 2 分硬币大小即可）。盐水选种后，种子要用清水淘洗，清除谷壳外的盐分，以防影响发芽，洗后直接浸种。

杂交稻选种一般采用风选法和清水漂选法。采用风选法即在选种前先将种子日晒1～2天，再用低风量扬去空瘪粒，确保种子均匀饱满，发芽势强。清水漂选法是将种子分浮沉两部分，用沉下去的种子催芽后播种，可使同一盘秧苗生长相对整齐。

2. 药剂浸种 稻种不灭菌易引起的主要病害有恶苗病、稻瘟病、稻曲病、白叶枯病，以及苗期灰飞虱传播的条纹叶枯病等，这些均可用药剂浸种的方法来防治。浸种时选用25%咪鲜胺乳油2毫升＋10%吡虫啉可湿性粉剂10克，再加水6～7升，可浸5千克种子。此外，种植户还要根据当地农业部门提供的防治水稻病害的药物加水浸泡。浸种时间长短应随气温而定，一般籼稻2天左右，稻种吸足水分的标准是谷壳透明，米粒腹白可见，米粒容易折断而无响声。采用间隙浸种催芽法，应配合使用三氯异氰尿酸粉剂（强氯精），有利于种子吸水和供氧。

3. 催芽操作 催芽的主要技术要求是“快、齐、匀、壮”。“快”是指2天内催好芽；“齐”是指要求发芽势达85%以上；“匀”是指芽长整齐一致；“壮”是指幼芽粗壮，根、芽比例适当，颜色鲜白，气味清香，无酒味。根据种子生长萌发的主要过程和特点，催芽可以分为高温破胸、适温催芽和摊晾炼芽3个阶段。

（1）高温破胸 稻谷上堆至种胚突破谷壳露出米白的现象称为破胸。种子吸足水分后，破胸快、整齐的主要条件是温度适宜。在≤38℃的温度内，温度越高，种子的生理活动越旺盛，破胸也越迅速、整齐；反之，则破胸慢且不整齐。要保持谷堆上下、内外温度一致，必要时进行翻拌，使稻种间受热均匀，促进破胸迅速、整齐。

（2）适温催芽 稻种破胸到幼芽伸长至播种要求的过程，称为催芽阶段。手播育秧催芽标准：根长达稻谷1/3，芽长为稻谷1/5～1/4，或九成的种子“破胸露白”即可。“湿长芽、干长根”，控制根芽长度主要是通过调节稻谷水分来实现，同时要及时调节谷堆温度，使催芽阶段的温度保持在25～30℃，以保证根、芽协调生长，根芽粗壮。

（3）**摊晾炼芽**　催芽后还应摊晾炼芽。一般在谷芽催好后，置室内摊晾4～6小时，种子含水量适宜、不黏手时即可播种。

一般情况下破胸露白率达90%以上时，不必进行催芽即可播种。

二、水稻湿润育秧

水稻湿润育秧一直是手工插秧的主要配套育秧方法，适宜不同地区、不同水稻种植季节和不同水稻品种育秧。该技术在我国被广泛采用，具有操作方便、应用广泛、适应性强，所育成的秧苗素质好、根系发达、秧龄弹性大、产量高等优点。

（一）特　点

水稻育秧有水育秧、湿润育秧和旱育秧3种方法。

1. 水育秧　整个育秧期间，秧田以淹水管理为主。此法对利用水层保温防寒和防除秧苗杂草有一定作用，且易拔秧、伤苗少；在盐碱地秧田淹水，有防盐护苗的作用，但长期淹水，土壤氧气不足，秧苗易徒长且影响根部下扎，秧苗素质差，目前已很少采用。

2. 湿润育秧　介于水育秧和旱育秧之间的育秧方法，其特点是在播种后至秧苗扎根立苗前令秧田保持土壤湿润通气状态，以利根系发育。扎根立苗后，采取浅水勤灌和排水晾田相结合的方式，现已成为水稻育秧的基本方法。

3. 旱育秧　整个育秧过程只保持土壤湿润的育秧方法。旱育秧通常在旱地进行，秧田旱耕旱整、通气性好，秧苗根系发达，插后不易败苗，成活后返青快。

（二）技术要点及操作规程

1. 秧板准备　选择背风向阳、排灌方便、肥力较高、田面

平整的稻田作秧田，秧田与本田的比例为1∶8～10。在播种前10天左右对田面干耕干整，将土壤耙平耙烂，开沟做畦，畦长10～12米、宽1.4～1.5米，沟宽0.25～0.3米、深0.15米。畦面达到“上糊下松，沟深面平，肥足草净，软硬适中”的要求。结合整地做畦，每亩（1亩≈667米^2）秧田施复合肥20千克，施后将泥、肥混匀耙平。

2. 种子处理和浸种催芽 按前面要求做好晒种工作，通过风选或盐水选种，并对种子消毒等。其中早稻浸种2～3天，晚稻浸种1～2天，杂交籼稻浸种1天，常规粳稻品种可浸种3天，北方浸种温度较低时可达5天。催芽时先用35～40℃温水洗种预热3～5分钟，之后把谷种装入布袋或箩筐，四周可用农膜与无病稻草封实保温。一般每隔3～4小时淋1次温水，谷种升温后，控制温度在35～38℃，温度过高时要翻堆，谷种露白后温度降到25～30℃。适温催芽促根，待芽伸至谷粒1/2长度、根至1粒谷长度时即可。播种前把种芽摊开在常温下炼芽4～6小时后播种。

3. 精量播种 早稻于3月中下旬抢晴播种。早稻杂交稻的秧田播种量约为20千克/亩，常规稻约为30千克/亩；单季杂交稻的秧田播种量约为7～10千克/亩，常规稻约为10～12千克/亩；双季晚稻杂交稻的秧田播种量约为10千克/亩、常规稻约为20千克/亩。播种时芽长为谷粒长度的1/2，根长与谷粒等长时为宜。播种要播匀，可按芽谷重量确定单位面积的播种量。播种时先播70%的芽谷，再播剩余的30%补匀。播种后进行塌谷，塌谷后每100米^{2}苗床用60%新马歇特乳油20～22毫升，加水5升后用喷雾器喷施，进行封闭灭草。

4. 覆膜保温 南方早稻一般采用拱架盖塑料薄膜（或无纺布）保温的方法，用竹篾搭起高40～50厘米的拱架，然后盖上膜，膜的四周用泥土压紧，防备大风掀开。单季稻和连作晚稻秧田应搭建遮阳网防止鸟害和暴雨对播种的影响，出苗后撤网。

5. 秧苗管理

（1）立苗　立苗期（播种至出苗）要求出芽快、出苗齐。早稻立苗在播种至出苗期要做到保温保湿：膜内温度保持在30℃，若超过35℃，则应揭开膜通风降温；相对湿度保持在80%以上，若遇连续低温阴雨天气，则应每隔2～3天于中午揭开膜的两端通风换气1次，床土含水量一定要充足，床土发白时必须补充水分，保湿全苗。同时，秧田要开好平水缺，避免降雨淹没秧床，发生闷种烂芽现象。在晚稻立苗的播种至出苗期间的主要工作是防止高温、烫种烧苗，可采取湿润育苗管理措施，即在出苗前2～3天每天采取不同方式进行灌水、排水：一是灌平沟水湿润畦面；二是早上8时左右灌水，水面高出盘面2～3厘米，傍晚排水；三是傍晚灌水上盘面，早上8时左右排水至盘底。有条件的农户最好搭建遮阳网。

（2）炼苗　早稻炼苗时，一般在秧苗出土2厘米左右即揭膜炼苗，揭膜原则是由小部分到全部逐渐揭开，晴天揭，阴天盖；白天揭，晚上盖；高温揭，低温盖。当日平均温度低于12℃时不应揭膜。1叶期控温控湿，膜内超过25℃时应揭开膜的两端通风降温。2叶期通风炼苗，防徒长。晴天、白天将膜全部打开，傍晚将膜盖好；阴天中午揭膜，雨天揭开膜两端通气。大风时少炼苗，久雨初晴时缓炼苗，弱苗少炼、缓炼，壮苗多炼。3叶期炼苗控长，应注意保温防寒，除阴雨天外，实行日揭膜、夜盖膜的方法，当最低气温稳定在15℃时可将膜全部揭开，但不要收膜和拆棚，遇到雨天时，还应重新盖膜。晚稻炼苗，在秧苗出土2厘米左右时拆除遮阳网。在苗1叶1心期排干田水，每100米^{2}用15%多效唑可湿性粉剂30克，加水15升后喷施，可控制秧苗高度，促进壮秧。

（3）水分管理　做到科学管水，先湿后干，秧苗在3叶前保持盘土湿润不发白，移栽前控水，促进秧苗盘根老健。湿润管理指采取间歇灌溉的方式，做到以湿为主、干湿交替，达到以水调

气、调肥、调湿、护苗的目的，此法尤其能防止腐霉和镰刀菌对秧根的侵染。

早稻育秧：揭膜时灌平沟水，水自然落干后再灌水，如此反复。若晴天中午秧苗出现卷叶，则要灌薄水护苗，雨天放干畦沟水；若遇到较强冷空气侵袭，则要灌拦腰水护苗，天气回暖后待气温稳定再换水保苗，防止低温伤根，以及温差变化过大而造成烂秧和死苗；气温正常后及时排水透气，提高秧苗根系活力。移栽前3～5天控水炼苗，以干为主，晴天半沟水，雨天放干畦沟水，保持盘土不发白，不出现裂缝。在起秧栽插苗前，遇雨天要盖膜遮雨，防止苗盘土含水过高而影响起秧栽插苗的质量。晚稻育秧的关键是科学管水、防高温、防徒长。秧龄在15天左右移栽的，水分的管理与传统晚稻育秧相同，但应在移栽前1～2天控水，水不过畦面。秧龄在20天左右移栽的，移栽前15天的水分管理与传统晚稻育秧相同，15天之后的盘土水分要干湿交替，移栽前1～2天控水，保持平沟水。

（4）适施肥料　主要施“断奶”肥和“送嫁”肥。在1叶1心期视情况追施“断奶”肥，每亩秧用腐熟的粪清500千克加水1 000升或尿素5千克加水500升，于傍晚浇施或洒施，施后洒一次清水。床土肥沃的可不施。在移栽前3～5天视秧苗长势施用“送嫁”肥。叶色褪淡的苗，每亩秧苗用尿素4～4.5千克加水500升，于傍晚洒施，施后洒清水洗苗，以防肥害发生；叶挺拔而不下披的秧苗，每亩用尿素1～1.5千克加水100～150升进行根外喷施；叶色浓绿且叶片下披的秧苗可免施，用控水来提高秧苗质量。

6. 病虫草害防治　秧苗期根据病虫害发生情况做好防治工作，同时经常拔除杂株和杂草。1叶1心期要防立枯病，每10米^{2}苗床用敌磺钠可湿性粉剂10克加水1升喷施。坚持带药移栽，在栽前1～2天每亩用2.5%快杀灵乳油30～35毫升（或再加20%三环唑可湿性粉剂150～100克），加水40～60升后进行喷雾；在稻叶纹枯病发生区，应每亩加 10%吡虫啉乳油 15 毫升喷施，以控制灰飞虱的带毒传播途径。

（三）注意事项

第一，秧苗病虫害防治。近年来，在长江中下游地区，矮缩病、纹枯病、叶枯病等病害发生严重，其主要是由稻蓟马、飞虱等害虫引起的并发症。因此，稻田要严格控制稻蓟马等害虫数量。可根据虫口状况，在出苗后的 2 叶 1 心期用 10% 吡虫啉可湿性粉剂等药剂防治稻蓟马等害虫，随后根据虫口状况，在塌谷后喷除草剂的同时添加吡虫啉，移栽前 1 天用 5% 氟虫腈悬浮剂 60 毫升＋75% 三环唑可湿性粉剂 60 克，加水 30 升后喷施秧苗，使秧苗带药下田，防治大田早期螟虫。

第二，湿润育秧中培育壮秧是关键，注意要在秧苗 1 叶 1 心期排干田水，每 100 米 ^{2} 苗床用 15% 多效唑可湿性粉剂 30 克，加水 15 升后喷施叶面，可控制秧苗高度，培育壮秧。

三、水稻旱育秧

（一）特　点

旱育秧是指秧苗在接近旱田条件下生长而培育出的秧苗。与其他育秧方式不同之处主要在于秧田绝不建立水层。在旱田条件下，要求土壤氧气充足，土壤中氮肥的状态为硝酸态氮肥。秧苗对硝酸态氮肥吸收得多，其根部有极强的吸肥、吸水能力，且发根快、生长旺、抗逆能力强。

水稻旱育秧技术具有“三早”（早播、早发、早熟）、“三省”（省力、省水、省秧田）、“两高”（高产、高效）和秧龄弹性大等优点。旱育秧所育成的秧苗矮健，抗寒力和发根力强，栽后不易坐蔸，返青快，分蘖早，成熟期较湿润育秧提早 3～5 天，有利

于再生稻蓄留；亩产较湿润育秧增加50千克左右。旱育秧是实现水稻高产、稳产、增收的一项常规的科技措施，此项技术可概括为“肥床、旱育、适龄，稀植”4个技术环节，在生产中具有推广价值。经多年的实践证明，水稻旱育秧技术是一项省工节本、低耗高效的新技术。其优点表现如下：节省秧亩田，减少育秧用水，人工投入少，劳动强度轻，同时秧苗素质高，移栽后无缓苗期，能促进水稻早生快发，夺取高产。

（二）旱育壮秧指标

一是秧苗移栽时叶蘖同伸，单株分蘖多，鞘腋含有发育粗壮的分蘖芽，秧苗移栽时群体叶面积适当。二是苗挺叶绿，生长状态整齐一致，无病虫害。三是秧苗矮壮，发根力强，根系发达，白根多。四是抗植伤力强，中苗叶色绿，叶挺不披垂。大苗叶色淡绿，叶片硬直；小苗叶色嫩绿，叶片微弯。

早稻宜用小苗，壮秧的形态标准：叶龄3～4叶，苗高10～13厘米，叶片直立，第一叶鞘高度小于3厘米，基部扁平，1/3苗株带分蘖，百苗干重3～4克，秧龄在温度低的地方为26～30天，温度高的地方约为20天。叶龄放长也不要超过4.5叶，此时秧苗应带1～2个蘖，百苗干重大于5克。

中稻、晚稻宜用中苗，壮秧的形态指标：叶龄5～6叶，苗高15～16厘米，苗株带蘖2～3个，带蘖株率80%以上，百苗干重7克以上，第一叶鞘高度小于3厘米，基部扁平，秧龄为30～40天。茬口矛盾大的地方可选用中、大苗，叶龄5～7叶；中稻秧龄40～45天，晚稻秧龄30天左右。

（三）技术要点及操作规程

1. 苗床选择　考虑到旱育秧控水旱育的特点，苗床应选择地势高亢、爽水透气、肥沃疏松、熟化程度高、背风向阴、水源方便、不积水的菜园地或永久性旱地作为苗床，切忌选用冷水浸田、胶泥田和碱性田。一般每亩需25～30米^{2}苗床。苗床应选择土壤有机质丰富、质地疏松、地下水位低、排水条件良好、管理方便的旱地或常年用的菜地；也可选用冬闲水稻田作苗床，但要求地下水位在50厘米以下，地势较高的，四周要开好围沟以利排水。每亩大田所需的苗床净播种面积要根据茬口类型、品种特性、移栽秧龄和栽插的基本苗数等因素而定，一般常规早稻20米^{2}左右，杂交早稻10米^{2}左右，单季晚稻15米^{2}左右，连作晚稻60米^{2}左右。苗床每年应固定在一块地上操作，以提高床土培肥效果。为提高土地利用率，可以合理安排茬口，轮作蔬菜等各种作物。

2. 苗床的制作和平床

（1）土壤消毒　播种前先向苗床内泼浇大量水分，以苗床内土壤水分饱和外溢为度。然后每平方米苗床用2克敌磺钠可湿性粉剂配成600～1000倍液均匀喷洒床面，对土壤进行消毒，以预防旱育秧苗发生立枯病。用包有塑料膜的木板或滚筒轻轻压平床面后播种。

（2）床土培肥　一般在播种前一年的秋季（9～10月份），每平方米苗床均匀翻入碎稻草和畜栏肥各3～5千克，过磷酸钙150克。若9～10月份前作未收获，而是推迟到11月份进行床土培肥，则应采取经常向床土浇水、多次翻耕以及苗床覆盖地膜等措施，促进稻草和畜栏肥的腐熟。床土培肥工作也可在播种前一年的秋季进行，先将稻草、畜栏肥、过磷酸钙拌匀后集中堆沤、覆盖（防止雨淋），待稻草和畜栏肥腐熟后，尽早将其均匀翻入苗床内。若选用土质疏松肥沃的菜地做苗床，则可在播种前3～5天向苗床内均匀施入适量的腐熟畜栏肥即可。苗床经过连续3年以上培肥处理后，可酌情减少有机肥的施用量，苗床在培肥期间可以种植蔬菜等作物。

（3）土壤调酸　旱育秧苗要求土壤呈酸性，适宜的pH值为4.5～5.5。土壤pH值在6.0以下，可以不调酸；若床土pH值在6.0～6.5，则可以通过施用过磷酸钙、硫酸铵等酸性化肥降低pH

值，酸度可调可不调；若床土 pH 值在 6.5 以上，则须进行调酸处理，一般在播种前 20～30 天每平方米苗床均匀施入硫黄粉 50～100 克。当然调酸与否还与播种时的气温有关：早稻播种时，气温较低，容易诱发立枯病，就应调酸；若播种时气温能稳定在 13℃以上，则可以不进行调酸。

（4）苗床的整理及底肥的施用 一般在播种前 3～5 天选择晴天整理苗床，每平方米苗床均匀施入硫酸铵 60～80 克、过磷酸钙 80 克、氯化钾 40 克，施肥后多次全面翻耕床土，切实做到肥土均匀混合。若过磷酸钙等化肥成块状，则应事先进行粉碎过筛，以防止因施肥不匀导致肥害。施肥后就可以开沟做畦。一般苗床做成畦宽 1.2 米、沟宽 0.3 米、沟深 0.1～0.15 米；采用地膜平铺覆盖育苗的，苗床做成畦宽 1.7 米、沟宽 0.3 米、沟深 0.1～0.15 米，畦沟土集中破碎过筛，盖上农膜，防止雨淋，以备播种后盖种用。苗床要求上松下实，上细下粗，面平沟直。

3. 确定适宜播种期 要求适期早播。过早温度低，出苗慢，出苗率低，苗生长慢、长势弱，容易烂秧；过晚成秧率虽高，但影响栽秧。应根据气温变化、育秧方式等确定播期。播期还要根据品种、茬口、秧龄等确定。寒地水稻保温旱育秧，当日平均气温稳定在 6℃以上，床内温度达 12℃，床土温度为 14℃左右时，即可开始播种，以争取较长的生长期，获取较多的积温。旱育秧苗耐寒性相对较强，在两熟制早稻上应用，可以适当早播，一般可比半旱育秧栽培提早 5～10 天播种。浙江省多数地方的播种期为 3 月 15～30 日。在经验不足的地方，播种期不宜过早。旱育秧苗在三熟制早稻、单季晚稻及连作晚稻上应用，播种期应比常规半旱育秧栽培提早 4～5 天。

4. 精量播种 若想培育壮秧，则必须稀播。播种量要根据不同的旱育秧方式、秧龄长短、气温高低、品种特性和对分蘖的要求等条件来确定。播种原则上是秧龄长的宜稀，气温低时适当密植。播种量还要根据秧苗移栽叶龄及应用茬口而定，旱育秧一般在冬闲田、绿肥田早稻及单季晚稻上应用，秧苗宜在 3.5～4.5 叶移栽，每平方米苗床播刚露白的芽谷 190～240 克；旱育秧在三熟制早稻上应用，秧苗宜在 4.5～5.5 叶移栽，每平方米苗床播刚露白的芽谷 140～190 克；旱育秧在连作晚稻上应用，每平方米苗床播刚露白的芽谷量：杂交稻 20 克左右，常规稻 100～120 克。

稀播育壮秧是一项行之有效的增产措施。生产表明，稀播育秧可以利用秧田期育成素质高的多蘖壮秧，达到以蘖代苗，大量节省种子的目的。稀播育秧其秧龄弹性大，可推迟叶龄临界期的出现时间，起到缓和早播与迟栽矛盾的作用，即使延后移栽，在其他措施的配合下，同样也能获得高产。

5. 苗期管理

（1）苗床管理　秧苗要做到见苗通风，如果在出苗前温度过高，那么要适当通风降温以防烧芽。秧苗转绿后要逐渐加大通风量，以免床内温度过高使秧苗旺长或烧苗。在此期间，早、晚要盖严薄膜，以防秧苗低温受冻。秧苗长出 2～3 叶时逐渐进行炼苗，之后视天气情况决定是否揭膜。

①播种至齐苗期　以保温保湿为主，严密覆膜。当膜内温度超过 35℃时，注意通风降温，或盖稻草遮阳；当土壤含水量低于 70%时（表土发白），应浇一次透水保湿。

②出苗至 1 叶 1 心期　以调温控湿为主，促根下扎。膜内温度应保持在 25℃左右，超过时必须打开膜两端通风降温。

③ 1 叶 1 心期至 2 叶 1 心期　逐步炼苗降温，膜内湿度保持在 20℃左右。晴天上午 10 时将膜全部打开，下午 4 时前盖好膜；阴天中午打开 1～2 小时；雨天中午也要打开膜两端换一次气，但不能让雨淋在苗床上。2 叶 1 心期前后，每平方米用尿素 5～10 克加水至 1 000 倍液后均匀喷施，即“断奶肥”，之后要喷清水洗苗。

④ 2 叶 1 心期至移栽　2 叶 1 心期结合追肥浇一次透水，保持土壤适宜水分。2 叶 1 心期后期逐步揭膜炼苗，温度必须保持在 12～20℃范围内，若遇寒潮雨天，则要及时盖膜挡雨护苗，

移栽前3天追施“送嫁肥”，与上述“断奶肥”同量。浇水时只宜轻浇不可灌溉。

（2）水分管理

①出苗阶段　苗床湿度是影响种子出苗率和出苗速度的主要因素。旱育秧出苗不齐和出苗率不高的主要原因是水分控制不当。芽谷播种后，土壤含水量必须达到一定水平后才能出苗，超过这个水平，随土壤含水量的增加，出苗率和出苗速度迅速增高。当土壤含水量增至某一限度后，出苗率趋于平稳。据调查，揭膜前的床土相对含水量在70%～80%时，可保证芽谷90%的出苗率，5～7天即可齐苗。此期水分管理措施如下：在苗床精整后，分2～3次浇透底墒水，使0～5厘米土层处于水分饱和状态，土壤湿度均匀不漏水，以提高出苗率，保证出齐苗。芽谷播种覆盖营养土后，为防止营养土倒吸芽谷和苗床的水分，防止土壤底墒消耗，需随即喷水淋湿营养土，使其达到水分饱和状态。

②齐苗揭膜阶段　齐苗揭膜后秧苗周围空气湿度急剧下降，而根部所吸水分往往供应不上叶面蒸腾，所以在揭膜的同时应及时补充土壤水分，边揭膜边浇一次透水；遇到高温天气，可在床上撒一层薄麦草，并在草层上喷水。揭膜一般选在晴天下午、阴天上午或雨后放晴时。此时若遇低温寒潮，则延长盖膜时间，待寒潮过后再揭膜。

③齐苗揭膜至“断奶期”　此时的乳幼苗营养仍由胚乳供给，其对外界环境反应还不敏感，对水分胁迫有一定的忍耐性，但此时秧苗较小，根系还未完全发育，所以要求床土湿润。适当控制床土水分，促进种子根部下扎，提高其抗旱能力，若发现苗床土发白或叶片出现萎蔫现象时，则需适量浇水至床土湿润。

④“断奶期”阶段　此时稻谷中的养分已消耗殆尽，自身根系尚未完全形成，吸收水分能力较弱，而秧苗生长量又较前期大，对环境条件十分敏感，对干旱的忍耐力极差，是水稻整个生育阶段对水分最敏感的时期，很容易因干旱而死苗。因此，这段

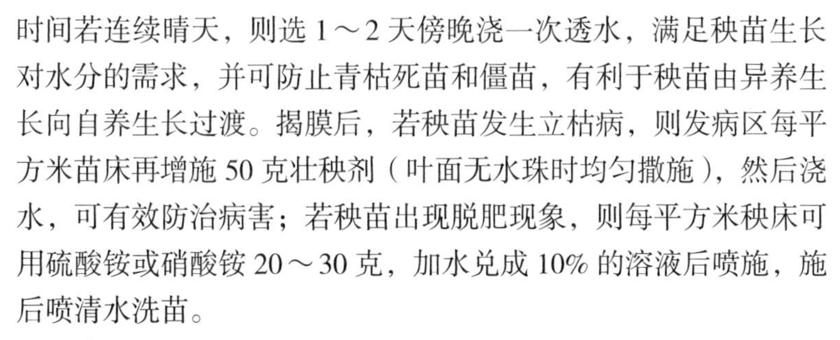
时间若连续晴天，则选 1～2 天傍晚浇一次透水，满足秧苗生长对水分的需求，并可防止青枯死苗和僵苗，有利于秧苗由异养生长向自养生长过渡。揭膜后，若秧苗发生立枯病，则发病区每平方米苗床再增施 50 克壮秧剂（叶面无水珠时均匀撒施），然后浇水，可有效防治病害；若秧苗出现脱肥现象，则每平方米秧床可用硫酸铵或硝酸铵 20～30 克，加水兑成 10% 的溶液后喷施，施后喷清水洗苗。

⑤叶片生长期　秧苗在干旱条件下形成的独特生长习性，使根系生长快，吸收面积大，但叶片生长较慢且地上部叶面积较小，所以秧苗对干旱形成了较强的忍耐力，即使因干旱而卷叶也不会很快死亡，遇适宜条件又会很快恢复生机。但因干旱出现叶片卷筒时，也要考虑秧苗的承受能力。

揭膜至抛栽前的水分管理：一般在出现秧苗叶片早晚无水珠或早晚床土干燥或午间叶片打卷时，选择傍晚或上午喷或浇水一次，以浇湿 3 厘米厚的表土为宜，但对土壤不太肥沃，较板结的秧床，以每次浇透水为宜。只有严格控制苗期水分，才能增强水稻本田期的生长优势。这一阶段是控水旱育壮秧的关键，应严格控制苗床水分，即使中午叶片出现萎蔫也无须补水，但发现叶片卷筒时，要在傍晚适量浇水，但一次浇水量不宜大，喷水次数不能多，不卷叶则不浇水，以培育出具有“爆发力”的高品质旱育秧。

移栽前一天傍晚浇透水，或当天上午浇透水，下午拔秧。此次用水要掌握好度，若用水量过多，则床土变软烂，拔秧时带泥多，植株难以分开；若用水量过少或浇水后拔秧时间拖得过长，则失水后秧苗难拔，尤其是疏松度差的苗床，容易拔断根系，影响栽后立苗返青。

（3）立枯病防治　立枯病是水稻旱秧的主要病害，施用壮苗剂和苗期喷洒广枯宁是防治该病的主要措施。立枯病仍然要用药剂防治，防治时间是在播种后的 12～15 天。这一防治时段不能提前或推后，因为此期施药对防治立枯病非常重要。

施药方法：每平方米秧床用1克70%敌磺钠可湿性粉剂加5千克土或细沙，混合均匀后撒在秧床上，浇一次清水即可。在小秧管理中，若还发现立枯病，每平方米就用1.5克70%敌磺钠可湿性粉剂加水兑成600倍液喷雾，或20%甲基立枯磷乳油50毫升加水40升喷雾在80米^{2}的秧床上。揭膜后喷施以上药剂2～3次，可有效控制立枯病。

（4）温湿度控制 早稻播种至出苗前，保温保湿可促早出苗、出齐苗。膜内温度超过35℃时，两端揭膜通风。出苗后适当通风，控温保湿。白天膜内温度控制在25℃以下，傍晚盖膜保温。秧苗1叶1心期时，可每平方米苗床用0.2～0.4克15%多效唑可湿性粉剂配成200毫克/升溶液喷苗，以促秧苗矮壮。

1叶1心期至2叶1心期容易发生立枯病，应增加通风降温降湿。膜内温度控制在20℃左右，一般要求晴天白天全天打开塑料膜通风，低温阴雨天也要酌情通风，但要防止雨水淋苗。尽力保持床土干燥，使床土水分降到与一般旱地一样，即使床面出现细裂缝也不必浇水。若晴天中午秧苗叶片发生卷曲或早晨叶尖无露珠，则应适当喷些水。2.5叶期以后苗体生长旺盛，苗床可适量浇水，但不能过湿，农膜日揭夜盖，到移栽前3～4天揭膜炼苗，并施好“起身肥”，即每平方米苗床追施硫酸铵20克左右，施肥后用清水喷苗，以防肥害伤苗。采用打孔地膜平铺覆盖法的，在秧苗1叶1心期前的膜内温度超过35℃，1叶1心期至2叶1心期膜内温度超过30℃时，应及时揭膜通风。2.5叶期以后除冷空气来临外，一般可不再盖膜，及早炼苗。

（四）注意事项

第一，晚稻育苗管理技术主要是管好苗床水分。在出苗前尽量保持苗床湿润，以促早出苗、出齐苗。出苗以后若遇雨天，要防止苗床内积水；若遇连续晴热天，应适当浇些水。

第二，旱育秧还应重视苗床杂草及地下害虫的防治工作。

四、水稻保温育秧

（一）概　况

随着社会经济发展，农村劳动力大量转移，从事水稻生产的劳动力老龄化现象明显，以手工插秧为主的传统水稻种植方式已不能适应我国水稻生产发展的要求。水稻机械化种植逐渐成为我国现代稻作技术的发展方向。育秧是水稻机插秧成功的关键环节，目前我国水稻机插秧、育秧除了存在播种量大、秧苗素质差、机插秧秧龄弹性小等问题外，在我国北方寒地稻区和南方连作早稻区因为水稻生长季节紧张，播种期提前，出现了气温变幅大，倒春寒现象。此现象常常导致烂种、烂芽、烂秧的发生。

水稻保温育秧是利用塑料薄膜或暖房等保温设备进行水稻育秧的方法。长期以来，传统早春水稻育秧都是采用小拱棚保温，但是小拱棚塑料膜覆盖保温育秧方法的保温性能差，棚内昼夜温差大，温度稳定性差，倒春寒期间出苗和成秧易受低温影响。南方早稻和北方稻区大棚育秧方法的发展和应用克服了小棚育秧存在的问题，降低了水稻育秧烂种、烂芽、烂秧现象，秧苗素质大幅提高，为水稻机插的高产奠定了基础。

此外，育秧期间易发生立枯病和青枯病，也容易出现高温烧苗现象。小拱棚育秧操作不便，通风炼苗麻烦且费工。目前针对此问题，一些地区开始用无纺布代替普通塑料膜育秧。无纺布育秧既有保温效果，又有透气、防结露、耐腐蚀、耐用等特点，能为秧苗生长提供相对平稳的，如光照、温度、空气等环境条件，促进秧苗更好地生长发育，管理相对简便。

北方水稻育秧多采用育秧大棚进行保温，育秧棚有开闭式钢管大棚、中棚，开闭式小棚以及拱形小棚等几种规格。开闭式钢管大棚和中棚空气容量大、昼夜温差小、操作方便，已在北方大量采用。现在北方稻区大棚育秧主要为三膜育秧，即种子播种后，大棚内加盖一层地膜，外加小拱棚保温，出苗后及时揭去地膜，等秧苗生长到一定程度及大棚内温度升高时再揭去小拱棚内的薄膜。南方稻区主要是在早稻育秧上采取保温措施，秧盘移至秧板后，搭拱棚覆盖地膜进行保温，保证膜内高温高湿，以促早出苗、出齐苗。一般于 2 叶 1 心期开始适时揭膜炼壮苗，揭膜通风时间、揭膜程度根据气温变化掌握。膜内适宜温度应保持在 25～30℃之间，以防烂秧和烧苗。

随着机插秧规模及工厂化育秧的普及，目前该模式也出现在温室暖房内。例如，机插叠盘出苗育秧模式，即在育秧工厂将流水线播种后的秧盘，叠盘堆放，每 25 盘左右为一叠，最上面放置一张装土而不播种的秧盘，每个托盘放 6 叠秧盘，约 150 盘。之后用叉车将托盘运送至控温控湿的暗出苗室，在暗出苗室完成种子出苗。暗出苗室温度控制在 32～35℃，相对空气湿度控制在 85% 以上，放置 48～72 小时，待种芽立针（芽长 0.5～1.0 厘米）时用叉车移出，供给各育秧点。

（二）特　点

第一，具有较好保温效果，可提早育秧，充分利用当地光温资源。实时监测数据显示，通过大棚保温育秧，水稻育秧期间棚内日平均气温可提高 3.8℃，日土温提高 7.5℃，说明育秧期间的有效积温被秧苗充分利用了。北方大棚育秧通过采用三膜覆盖等增温保温措施，其播种时间比小棚育秧可提前 10～15 天。

第二，出苗快且整齐，出苗率高，烂秧烂种少。采用保温育秧法，育秧期间膜内温度升高，有利于种子快速出苗，提高出苗率，防止低温、烂秧、烂种。若叠盘出苗育秧，则早稻出苗时间可提前 2～3 天，出苗率比对照高 10% 以上。

第三，集中育秧程度高，有利于提高育秧标准。一般大棚育秧面积在 300～1 200 米^2，可一次性培育机插秧苗 1 000～4 000

盘，供30～120亩机插大田用。育秧规模大有利于提高育秧标准化水平，培育出均匀健壮的机插秧苗。

第四，育秧效果好，秧苗素质高。大棚保温育秧培育的秧苗具有根系发达、支根和根毛多、苗矮壮、生长势旺、抗逆力强（耐旱、耐寒、耐盐碱）等特征，移栽后发根返青快、分蘖早、穗多、粒多、结实率高，有利于提高机插秧水稻产量，实现水稻机插高产高效的目的，在我国有较大的应用前景。

（三）技术要点及操作规程

1. 品种选择　选择适宜当地机插秧种植的水稻优良品种，在播种前按要求进行发芽试验，种子发芽率要求在85%～90%或以上。水稻机插选择品种时要综合考虑品种熟期、产量、株型、分蘖能力、穗型和抗逆性等因素。南方双季稻机插在选择早晚稻品种搭配时，要注意使早稻熟期与晚稻早栽的适期相衔接，能确保晚播品种在幼龄条件下安全齐穗。早稻机插品种应以穗粒兼顾型的中熟品种为主，少量搭配早熟品种，以调节晚稻的插秧季节。晚稻品种受前期制约，所选品种要以中熟偏早的为宜。

2. 种子处理　种子处理包括选种、浸种、消毒和催芽等环节。按前面要求做好种子晒种工作，通过风选或盐水选种，同时处理好种子消毒和催芽工作。一般催好芽的种子可在大棚或室内常温条件下晾芽，以提高芽种的抗寒性，散去芽种表面多余水分。晾芽不能在阳光直射条件下进行，温度不能过高，严防种芽过长，不能晾芽过度，严防谷芽干燥。

3. 床土制作

（1）旱地土育秧　土壤需要培肥、调酸和消毒。土壤要选择肥沃、中性偏酸、无残茬、无砾石、无杂草、无污染、无病菌的壤土，或耕作熟化的旱田土，或秋耕、冬翻、春耖的稻田土，或经过粉碎过筛、调酸、培肥、消毒等处理后的山黄泥、河泥等。荒草地或者当季喷施过除草剂的麦田土和旱地土不宜做育秧床土。选择的床土要求含水量适宜，土质疏松、通透性好，土壤颗粒细碎、均匀，粒径在5毫米以下，粒径2～4毫米的床土占总重量的60%以上。旱地土在取土前要进行小规模的育秧试验，观察了解土壤对出苗的影响程度，以决定是否可作育秧营养土。育秧床土一般要先培肥，培肥时尽量用复合肥，并施适量的壮秧剂。一般每盘施5～15克复合肥就能满足秧苗生长的营养需求，过多不仅影响种子出苗，还将导致秧苗生长过嫩、过高，不利于机插。此外，为预防立枯病，床土需要用敌磺钠可湿性粉剂等药剂消毒，以消灭病原菌。土壤pH值应在4.5～6.0的范围内。

（2）**泥浆育秧**　可直接在机插大田附近选择稻田作秧田，直接从秧田取泥浆育秧，从而节省育秧成本。此法育秧风险小，但机械化作业程度较低。泥浆育秧主要在南方稻区应用，是在我国传统的田间湿润育秧的基础上，与机插秧盘育秧技术结合发展起来的，具有取土容易、操作方便等优点，但出苗率较低。

（3）**基质育秧**　基质中包含植物生长调节剂、调酸剂、消毒剂和秧苗生长所需的各种营养元素，可直接将基质装盘播种，育秧操作简便、使用方便、适应性广、省工省时、高产高效，适合各地的水稻机插育秧使用。基质育秧可防止秧苗立枯病等病害的发生，由基质培养的秧苗植株矮壮、抗逆性强、秧苗素质好，机插后具有返青快、起发快、分蘖早、产量高等优点。

4. 定量播种

（1）**播种期**　育秧播种期要根据品种特性、当地温光条件及前季作物的收获期等因素确定。早稻应该注意倒春寒对秧苗的危害，一般日平均气温稳定且达到12℃以上时才能开始播种，还要注意避开穗分化和抽穗扬花期的高温危害，播期不可过迟。一般长江中下游早稻在3月中下旬播种，秧龄25～30天；华南稻区在2月底至3月上中旬播种，秧龄20～30天；长江中下游晚稻机插的播种时间一般在6月底至7月中旬，秧龄15～18天。单季稻的播种期相对灵活，长江中下游机插稻的适宜播期为5月中下旬至6月初，秧龄15～20天；西南稻区如四川在3月底至4月初播种，秧龄30天左右；北方稻区生育期紧，一般在4月上中旬播种，秧龄30～35天。

我国水稻育秧的播种方式有手工播种、流水线播种和田间轨道播种等。①手工播种主要在南方稻区泥浆育秧中采用，适合机插秧面积较小的小规模农户，一般先在泥浆秧板上摆放秧盘，然后再播种。②流水线播种是指应用播种流水线设备，一次性完成放盘、铺土、镇压、喷水、播种、覆土等作业，适合在工厂化育秧中使用。此法虽然播种效率高，但是育秧取土困难，同时需要用到硬盘，并且播种后还需移入秧田育秧。目前此法主要在南方一些种植大户和专业合作社中使用。③田间轨道播种是北方农垦及地方农场采用较多的一种播种方式，即在大棚中铺设轨道，秧盘播种器架设在轨道上自动行走播种，设备包括播种机、覆土机和轨道，能直接在育秧大棚及田间作业，播种效率高，因为此法摆盘后才能播种和盖土，所以可采用软盘育秧。

（2）育秧播种量 播种量因水稻品种类型、季节等有所差异。一般9寸（1寸≈3.33厘米）秧盘（内径规格58厘米×28厘米×2.8厘米）双季稻常规稻播种量为100～150克/盘，杂交稻为90～120克/盘；单季常规稻为90～120克/盘，杂交稻为70～100克/盘。若用7寸秧盘，则要根据播种面积调整每盘播种量。播种时根据各稻区生产实际来选择适宜的播种方式。机械播种播前要做好播种器的检修工作，根据播种量来调整播种器，同时调好播种的均匀度。北方大棚育秧的在播种后也同样要用播种器完成覆土作业。

5. 出苗期间温度管理 适宜的水分和温度对出苗及其生长起到了关键作用。水稻大棚育秧出苗期间要求保温保湿，装盘播种前将底土彻底浇透，保证土壤吸足水分。播种覆土至出苗期控制床土水分（不宜过多），在床土浇足底水的前提下，此期一般是不浇水的；若发现出苗顶盖现象或床土变白水分不足时，则要敲落顶盖，在露种处适当覆土，并用细嘴喷壶适量补水。出苗期间保证温度尽量高于20℃，一般温度控制在30℃，超过35℃时则要揭膜降温，从而有利于出芽快、出苗齐。北方稻区可采用三膜育秧，即种子播种后，大棚内加盖一层地膜，外加小拱棚保温，出苗后及时揭去地膜，等秧苗生长到一定程度及大棚内温度升高时，再揭去小拱棚内的薄膜。南方稻区在早稻育秧上要采取保温措施，秧盘上秧板后，需搭拱棚和覆盖地膜进行保温，保证膜内高温高湿条件，以促齐苗。

6. 出苗后温度管理 从出苗至1叶1心期，这段时间耗水量较少，一般少浇水或不浇水，使床土保持旱田状态，仅在床土过干处用喷壶适量补水。此阶段要注意“三看”的浇水原则：一看土面是否发白及根系的生长状况；二看早晚时段叶尖所吐水珠的大小；三看午间高温时新叶是否卷曲，若床土发白、早晚吐水珠变小或午间新叶卷曲等，则要在早上8时左右用16℃以上的水进行适当浇灌，一次浇足。1叶1心期至3叶期采取干湿交替的水分管理措施，以床土保持半旱为宜，达到以水调气、调肥、调湿和护苗的目的。从机插前3～4天开始，在不使秧苗萎蔫的前提下，进一步控制秧田水分，蹲苗、蹲根，使秧苗处于“饥渴”状态，有利于移栽后的秧苗发根好、返青快、分蘖早。

育秧温度越高，秧苗生长越快，但当温度超过35℃，秧苗的生长速度过快时，将导致秧苗素质下降，且易引起高湿（相对湿度大于85%），引发稻叶瘟，故大棚内的温度应控制在35℃以下，相对湿度控制在85%以下。当秧苗出土2厘米左右时，水稻大棚育秧的温度宜控制在22～25℃，尽可能保持苗床旱田状态；秧苗离乳期严控温度和水分，促进根系健壮生长，防茎叶徒长；2叶期温度控制在22～24℃，最高不超过25℃；3叶期温度控制在20～22℃，最高不超过25℃，超过25℃时则要在裙布上侧增加通风口，以增大通风量。若遇连续低温天气，则在低温过后天晴时提早开口通风，并浇喷pH值4.5的酸性水，防止立枯

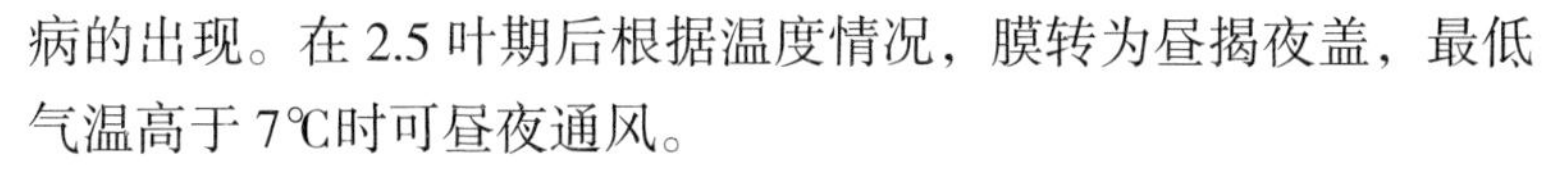

病的出现。在 2.5 叶期后根据温度情况，膜转为昼揭夜盖，最低气温高于 7℃时可昼夜通风。

7. 移栽前秧苗管理　为保证移栽效果，需要注意做好秧苗控水炼苗工作：机插前 3 天左右开始控水炼苗，以增强秧苗的抗逆能力。晴天半沟水，阴雨天排干水，使盘土含水量适合机插要求。倒春寒发生时灌深水保温护苗，天气转晴回暖后逐步排水以防青枯死苗。起秧栽插前遇雨天要盖膜遮雨，防止盘土含水过高，以利于起秧机插。起秧时先慢慢拉断穿过盘底渗水孔的少量根系，连盘带秧一并提起，再平放，然后小心卷苗脱盘。秧苗运至田头后应立即卸下平放，使秧苗自然舒展，并做到随起、随运、随插。此外，机插秧本比高，秧田与大田面积比可达 1∶100，同时由于我国多采用中、小苗机插技术，机插秧苗小且个体较嫩，易遭受螟虫、稻蓟马及稻蟓甲的危害，因此机插前要进行一次药剂防治工作，对秧苗做到带药机插，可起到较好的病虫害防治效果。

（四）注意事项

保持育秧期间温度适宜是培育壮秧的关键。水稻机插育秧的温度与秧苗株高、叶龄关系密切。一般而言，育秧温度越高，一定时间内水稻秧苗生长越快；株高越高，叶龄也较大，但秧苗较细，抗逆性差，不利于插秧后的返青和生长，因此保温育秧需要合理控制温度和炼苗。当温度超过 35℃，秧苗的生长速度过快时，将易导致秧苗素质下降，且易引起高湿（相对湿度大于 85%），进而引发稻叶瘟的发生，故大棚内的温度应控制在 35℃以下、相对湿度控制在 85% 以下。

第二章
水稻种植技术

一、手工插秧技术

（一）概　况

20 世纪 80 年代之前，手工插秧一直是我国主要的种植技术。手工插秧包括秧田准备、浸种催芽、播种育秧、秧苗移栽、大田管理和收获等几个基本过程。随着我国社会经济的发展、农业结构的调整，以及农村劳动力转移和人口老龄化问题的加剧，以手工插秧为主的传统水稻种植技术已经不能适应我国当前水稻生产的需要，因此抛秧、直播、再生稻、机插秧等节本、省工、高效的水稻种植方式得以快速发展。目前我国水稻手工插秧比例仍高达 30%～40%，尤其是在经济欠发达的地区，因为水稻种植面积小，加上机插秧投资较大，所以在一定时期内手工插秧仍然是水稻栽培的主要方式。

（二）特　点

第一，高产群体易调控。手工插秧主要特点是需要育秧、拔秧、运秧和移栽等多道环节，与水稻直播、抛秧等轻简化栽培技术相比，手工插秧虽然种植时用工成本高，但易于精确定量种植，可以做到浅插、匀插、减轻植伤，有利于实现水稻定量精确

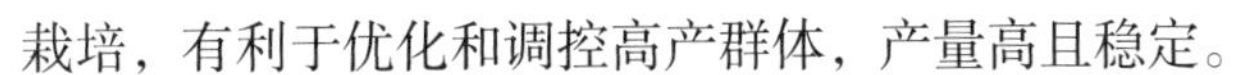

栽培，有利于优化和调控高产群体，产量高且稳定。

第二，季节间品种搭配容易。虽然手工插秧生产效益低、劳动强度大，但因为秧田育秧环节的存在，使秧龄可灵活控制，有利于双季稻间品种搭配，可提早播种，且移栽质量好，有利于获得高产。

第三，促进根系深长，不易倒伏。手工插秧种植与直播、抛秧等相比，根系分布相对较深，不易造成植株倒伏。

（三）技术要点及操作规程

1. 品种选择　选择适于当地种植的优质高产水稻品种。

2. 培育壮秧　做好种子精选及种子处理工作，以最佳抽穗期为目标，根据不同品种特性、育秧及移栽方法和当地种植习惯等确定适宜的播种期。根据稻作环境、育秧条件和当地习惯等选择不同的育秧方式，如旱育秧、湿润育秧等。水稻要达到高产，壮秧是基础，要发挥大穗型组合和品种的穗粒数潜力，促进低位分蘖生长和提高成穗量：一是提高种子质量和播种质量，确保成苗率和秧苗的整齐度；二是控制播种量和用种量，秧田播种量不宜太高，要根据育秧方式确定，湿润育秧一般播量为 7～10 千克 / 亩，本田用种量 0.6～0.8 千克 / 亩，秧本比 10～12。选择适宜播种期，在播种前 1 天将秧板水排去，只留沟底水，第二天即可播种。将已催芽的芽谷均匀地播到秧板上。播种后用塌谷板或锹等工具塌谷，以塌谷后不见芽谷为度。用 17.2% 苄嘧・哌草丹可湿性粉剂 200～300 克，加水 25～30 升喷施，以封杀秧田杂草。在秧苗生长到 1 叶 1 心时，每亩用 150 克 15% 多效唑可湿性粉剂加水 75 升后，用细喷头喷施秧苗，促进秧苗分蘖和矮化。在秧苗 3 叶期对其疏密补稀、匀苗。秧苗应早施分蘖肥，2 叶 1 心期亩施 5 千克尿素促苗分蘖；4 叶 1 心期视苗情亩施 5 千克尿素促苗生长平衡；移栽前 3～4 天亩施 8～10 千克尿素作起身肥，促苗根系生长和栽后返青。秧苗 2 叶 1 心期前保持半沟水

或沟底水，2 叶 1 心期灌浅水层，并保持秧板水层至移栽。此期不要让秧板脱水，不然会造成秧苗根系下扎，拔秧困难，伤秧严重。

3. 适期移栽

（1）整地 传统水稻生产中，整地以水耕水耙为主。整地用水量大，稻田土壤通气性差。超级稻栽培中可采用湿耕或干耕。南方稻区在大田翻耕前正值春末季节，雨水较多，大多稻田呈湿润状况，不必先灌溉后翻耕，可以直接翻耕。草籽田可根据草籽生育季节选择适时（如草籽开花时）翻耕。冬闲田可在移栽前 1～2 周翻耕，提倡在前一年秋收后或冬季翻耕，及时灭茬，可以降低螟虫越冬基数，减少来年螟虫数量。稻田提倡稻草还田，因为水稻吸收的钾和硅大多数留在了稻草中，若能用稻草还田，则相当于增施了钾肥和硅肥。这两种肥料也是水稻生长发育所需的大量元素。而当前这两种肥料往往是水稻生产中施用量不足的肥料。有机肥和部分基肥应在翻耕前施下，土肥混匀，而速效基肥可作为面肥施用。移栽前 1～2 天，灌浅水耙平稻田。不要过早把田耙平，而是等到移栽时进行，否则稻田杂草增多，会给除草带来更大困难。稻田也不能耙得过烂，如果耙得过烂，而且是耙平后当天插秧，那么易造成插秧过深，根系通气不良，秧苗起发推迟等问题。

（2）宽行稀植 单季稻种植时间比较充裕，可以提早移栽，缩短返青期，促其早发。一般秧龄在 25～30 天，即可移栽。由于超级稻植株较高，营养体较大，应采取宽行稀植方式，改善群体基部光照条件，降低群体湿度，减少发病概率，提高茎秆抗倒伏性。传统的单季杂交稻种植密度为 1.6 万～1.8 万丛 / 亩，而超级稻作单季栽培以 1.2 万～1.5 万丛 / 亩为宜。种植规格 30 厘米 × 18 厘米或 26 厘米 × 17 厘米。单株带蘖 2～3 个或以上的每丛插 1 株，不足的插 2 株，确保落田苗在 4 万～5 万株。插秧时留好丰产沟（排水口方向）1～2 条，及时排水。

4. 合理施肥 根据水稻目标产量和稻田土壤肥力现状，结合配方施肥要求，合理制定施肥量，培育高产群体。提倡增施有机肥，配合施氮、磷、钾肥（三元复合肥）。各稻区施肥量根据本地区土壤肥力状况、目标产量和品种类型确定（表2–1）。一般有机肥料和磷肥用作基肥，在整地前由撒肥机等机械施入，经耕（旋）耙施入土中。钾肥按基肥50%、穗肥50%的比例施用，氮肥按基肥50%、分蘖肥30%、穗肥20%的比例施用，南方粳稻的穗肥比例可提高到40%～50%。

表2–1　不同稻区水稻高产栽培需肥量（千克/亩）

稻　区	季节类型	纯氮（N）	磷肥（P_2O_5）	钾肥（K_2O）
长江中下游稻区	早稻	10.0～11.0	4.0～4.5	7.0～7.5
	晚稻	10.0～12.0	4.0～4.5	7.0～7.5
	单季籼稻	15.0～18.0	5.0～6.0	9.0～10.0
	单季粳稻	17.0～20.0	5.0～6.0	9.0～10.0
西南稻区	单季稻	12.0～14.0	4.0～5.0	6.0～9.0
华南稻区	早稻	9.0～10.0	2.7～3.0	7.0～8.0
	晚稻	11.0～12.0	3.0～3.5	8.0～9.0
东北稻区	寒地粳稻	8.0～12.0	6.0～7.5	3.5～6.5

5. 水分管理　本田灌溉可采取好气灌溉方式，即浅水插秧、寸水活棵、薄水分蘖、适时晒田，孕穗及扬花期浅水勤灌，灌浆期间干湿交替，防止本田断水过早。通过合理的干湿灌溉改善土壤通气性，促进水道根系发生和生长。本田水分管理的目标是促苗早分蘖和分蘖成穗。插秧期至返青期灌寸水（3厘米水层），促苗早发根、早返青。返青后采用浅水层与湿润灌溉相结合的方式提高土温，促进秧苗发根和分蘖，力求插后20～30天达到计划穗数的苗数。当达到穗数的苗数为80%时，可及时排水搁田，控制秧苗无效分蘖。晒田既不能过早也不能过迟，过早会使大田达不到高产的有效穗数，过迟又会造成无效分蘖多、群体过大、

田间荫蔽，诱发病虫害，甚至倒伏减产等问题。排水搁田的时间也应根据稻田排水搁田的难易程度、苗情和气候状况而定。如果水稻生长旺，土壤太软烂，雨水多，排水搁田比较困难，排水到土壤发硬的时间长，那么应提早排水搁田。通过搁田达到控苗、改善土壤理化特性和水稻长势的目标。孕穗期至开花期的本田可以浅水灌溉和湿润灌溉交替。灌浆成熟期要保持田间干干湿湿状态，以湿为主，可提高土壤供氧能力，保持植株根系活力，达到以根保叶的目的。花后切勿断水过早，以免影响籽粒充实度，造成秕粒数增加。

6. 病虫草精准防控 坚持“预防为主、综合防治”原则。利用机插秧田“随插随用”封闭除草控释颗粒剂除草；采用药剂浸（拌）种、一浸（拌）两喷、叶枕平准确定时施药、一封一杀、三防两控、阿泰灵生物防控、机械喷防等新技术防控病虫害，根据病虫害发生规律做好病虫害预测预防和精准防控。重点抓好纹枯病、稻瘟病、稻曲病、螟虫、卷叶螟、稻飞虱和黑尾叶蝉等的发生期进行防治。根据病虫害预报，对症用药，提高防控效果。用苯醚甲环唑·丙环唑（爱苗）、井冈霉素可湿性粉剂等防治纹枯病；用三环唑可湿性粉剂、稻瘟灵乳油等防治稻瘟病；用吡虫啉可湿性粉剂等防治稻飞虱；用氟虫双酰胺阿维菌素、氯虫苯甲酰胺等防治卷叶螟。如遇台风，则应关注细条病和白叶枯病的发生和防治。

7. 机械采收 谷粒全部变硬、穗轴上干下黄、85% 的稻谷谷壳变黄时进行机械采收。

（四）适用范围

手工插秧适宜性最广，在大兴安岭南麓山区、大别山区、罗霄山区、秦巴山区、武陵山区、滇桂黔石漠化区、乌蒙山区、滇西边境山区、南疆三地州和原中央苏区等稻区的水稻生产中都适用。

（五）注意事项

手工插秧的移栽深度要浅，直接把秧苗放在田面，根部入泥即可，可以促进秧苗早发。栽后要做到浅水勤灌，既不能让秧苗因曝晒致死，又不能因水层过深使秧苗漂浮。

二、直播技术

（一）概　况

与传统的手工插秧相较，水稻直播省去了育秧、拔秧、运秧和移栽等环节，省工节本，减轻了劳动强度，提高了稻作效益，因此推广速度较快。我国水稻直播方法有手工直播和机械直播，不过机械直播的面积很小。湿润直播是我国主要的直播类型，在北方地区也有旱直播。湿润直播用种量因季节和品种类型的不同而存有差异，一般常规稻为 40～50 千克 / 公顷，杂交稻为 20～30 千克 / 公顷。湿润直播适合我国南方苗期湿润多雨的稻区，在播种方法上主要是手工直播，但因直播稻多采用手工撒播，种子入土浅，所以易发生鸟雀危害，且田间通风透光性差。近年来，我国开发了各种湿润直播方法和技术，如湿润条播和穴点播技术，并对机械播种和条播技术展开了研究，目前直播稻产量渐渐稳定，与移栽稻相近。水直播由于用水量大及种子成苗差等问题，在我国直播稻中所占的比例较小。我国水稻旱直播的比例也不大，主要在北方稻区，可实现节水种稻的目的。

水稻直播栽培省工省本，但与栽培稻相比存在着季节紧张、产量低、杂草控制难、易倒伏和后期早衰等问题，同时用种量大，成苗率低，影响其将来的发展。因此，要根据直播稻与移栽稻栽培生育特性的差异，选育适宜直播的水稻品种。同时，研究直播稻高产配套技术，如研究直播稻全苗问题，选用耐逆境发芽、出苗较好的水稻品种以及茎秆粗壮、抗倒伏、防早衰的高产品种。在选用抗倒伏能力较强品种的基础上，通过改进播种技术，促进根系深扎；通过用点播、宽窄行条播和带状条播等方式，控制播种量和提高播种质量等，优化直播稻的群体结构；通过15%多效唑可湿性粉剂喷施等化控技术，改变茎基部节间长度和株高，降低直播稻倒伏率。

目前，我国水稻直播栽培主要在单季稻区和双季早稻中应用，由于粳稻比籼稻不易倒伏和后期不易早衰等，直播主要在单季粳稻上应用，籼型单季杂交稻上应用相对较少。但随着直播稻栽培技术水平的提高及农村劳动力日益紧张，水稻直播栽培的面积将进一步扩大。

（二）特　点

直播稻与移栽稻相比，主要有以下一些显著不同的生长特性。

1. 生育期短　水稻直播栽培因为播种期推迟，没有移栽返青期，所以苗期生长快，营养生长期明显缩短，全生育期也变短，株高偏低。相较移栽稻，一般直播稻总叶片数少1～1.5张，全生育期短5～10天，株高矮5～10厘米。

2. 直播稻分蘖出生早而快，分蘖节位低　直播稻因为没有移栽缓苗期，所以分蘖早而快，分蘖节位低，且低节位分蘖成穗率高。因其分蘖量大，所以易造成生育中期群体难以控制，使得总体分蘖成穗率不高。一般来说，移栽稻基部第一至第三节位的分蘖芽处于休眠状态而不能长成分蘖，着生分蘖的节位为第四至第八节；直播稻着生分蘖的节位为第二至第六节，分蘖节位明显低于移栽稻。

3. 根系分布浅，易倒伏　水直播稻播种浅，发根旺盛，尤其是生育后期根系活力强，所以养根保叶有利于提高结实率和增加粒重。但水直播稻横根多，并且多分布在土壤浅层，容易造成植株倒伏。

4. 有效穗数多　直播稻的有效穗数较多，但每穗粒数偏少，结实率和千粒重略高于移栽稻。

（三）技术要点及操作规程

根据直播稻的生产特点和生长特性，栽培上要抓好四个关键的技术环节：一是生育前期保全苗，促进苗齐苗壮；二是生育中期控群体，提高分蘖成穗率；三是生育后期防倒伏，促使稳产高产；四是防除杂草。

1. 湿 直 播

（1）播种前准备

①整地　全苗是湿直播栽培夺取高产的基础。为保证全苗，首先要精细整地，分块或分畦平田，做到田面平整。湿直播整地的方法有旱整水平和水整水平两种。在春播季节雨水少的北方地区，湿润直播多采用旱整水平方法，即先旱整、灌水后再水平。在南方多雨地区，整地时雨水多，土壤湿度大，不适合旱耕旱耙，多采用灌水整地。通常绿肥田要在盛花期及时耕翻，沤田沤肥，7～10 天后旋耕一遍，分畦整平；冬作田在收割后立即旱耕旱耙，尽量晒垡，浅水灌溉，诱发杂草，然后旋耕压草、耙平做畦；一般冬闲田在秋季耕翻，晒垡、冻垡，春天灌浅水旋耕耙平，不能秋耕的田块要在春季化冻后及早翻耕，以利晒垡，增进地力。耕地深度一般为 15～20 厘米。秋耕深、春耕浅，肥田耕深、薄田耕浅。秋耕、春耕都要适时耙平碎土。大面积的机耕稻田要根据地势高低做田埂，将其隔成小块田，每块 3～5 亩，随后将田进一步整平，使田面高度差不超过 3 厘米，以利浅水播种，保证出苗良好。为了灌排畅通，提高晒田和药剂除草效果，等田土沉实后排水干田，开好横沟、竖沟和围田沟，严防田面积水。沟宽 20 厘米、深 15～18 厘米。畦宽 2～3 米，可适当加宽，以便于田间作业与管理为宜。

②施肥　在翻耕整地时，要施足量的基面肥。施好基面肥是

为了使直播稻充分利用播种稀疏的优势，及时供给秧苗养分，以便其安全离乳和分蘖早发快长，为足穗打下基础。基施有机肥一般在旋耕、耙耕以前进行，面肥在做畦整平或落谷前施用。基施面肥用量可占用肥总量的 40%～60%。并且做到氮、磷、钾齐全，有机、无机相结合。每亩施有机肥 750 千克或用秸秆 300～400 千克还田、尿素 10～15 千克、过磷酸钙 20～25 千克、氯化钾 5～8 千克。

③播前除草　湿直播稻田内的杂草有两个发生高峰期：一是水稻播后 5～7 天（第一个高峰期）；二是播后 15～20 天（第二个高峰期）。根据这一特点和当地实际情况（如劳动力、经济条件、除草剂资源等），湿直播稻田杂草防治应采取以化学防治为重点，农业防治与化学防治相结合的综合防治策略，充分发挥“以苗压草、以药灭草、以水控草、以工拔草”的作用。实践表明，目前大多数地区或大多数田块，合理采用二次（封杀或封补或杀补）施药技术，可以有效地控制水直播稻田的杂草危害。

播前封闭灭草，主攻第一批杂草，是直播稻齐苗壮苗和分蘖早发的关键措施之一。目前，除草剂种类繁多，各地应根据当地气候、土壤和杂草群落发生情况等，因地制宜地选用除草剂及相应的防治方法。

（2）播　种

①播种期　适时播种是保证全苗和安全齐穗的关键措施。湿直播的适宜播种期应根据当地气候特点、品种特性、耕作制度及诱杀杂草方式等情况来确定。因为水稻发芽的下限温度——粳稻为 10℃、籼稻为 12℃，所以在日平均温度稳定在 12℃以上时即可播种。直播稻的播种期一般比移栽稻晚 7～10 天。在水稻生育期短的北方稻区，适时早播可以延长水稻的生育期，并有利于安全齐穗，预防冷害，提高产量。但是太早播种，由于气温低，出苗时间拉长，会导致出苗不齐，出苗率降低，甚至缺苗，达不到增产的目的。东北粳稻区的适播期为 4 月下旬至 5 月上中旬；

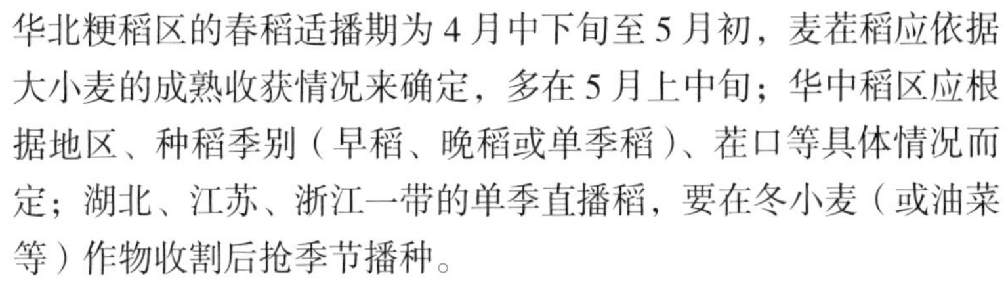
华北粳稻区的春稻适播期为4月中下旬至5月初，麦茬稻应依据大小麦的成熟收获情况来确定，多在5月上中旬；华中稻区应根据地区、种稻季别（早稻、晚稻或单季稻）、茬口等具体情况而定；湖北、江苏、浙江一带的单季直播稻，要在冬小麦（或油菜等）作物收割后抢季节播种。

②播种量　湿直播稻受天气、土壤等因素的影响较大，播种后种子出苗很不稳定，给一播全苗带来难度，所以确定适宜的播种量更为重要，应根据种子千粒重、发芽率、品种生育期、种植密度、播种方法、整地质量和天气、土壤条件及田间可能的成苗率等各种因素综合考虑。根据各地经验，按照一般整地质量，种子发芽率85%左右，出苗率70%～80%，为确保田间苗数足够，单季稻每亩播种量3～5千克。在北方，因水稻生育期较短，播种量可酌情增加，每亩4～6千克。此外，采用条播和穴播的，播种量应比撒播的适当少一些。

③播种方法　直播有灌水直播与排水直播两种方式。灌水直播要在稻田整平后排水晒田，沉实田土，使泥浆不过烂，泥浆过软或过厚会使播种后的种谷下沉过深，形成“淤种”，不能出苗；播种时灌2～3厘米深的水层（灌水播种有抑制杂草的作用，只能在播前用除草剂封草）。排水直播仅保持田间湿润即可，田面不宜过硬，泥浆厚薄适中。排水直播既可用除草剂在播前封草，也可在播后封草，但播后封草的效果比播前好。

湿直播稻的播种方法有撒播、穴播、条播三种。

撒播：包括人工撒播和飞机航播。人工撒播适合于南方小田块，但种子分布不均匀，不能中耕除草，且人工拔草难，要通过水旱轮作、整地诱草和喷施除草剂等综合措施消灭杂草。飞机航播适合于北方大田块，尤其是大面积的大型农场，可在播种的同时喷药，进一步提高工效。撒播时种子覆土是个难题，目前只能通过人工塌谷或田间浮泥覆盖来解决。撒播费工多，且需做畦，大面积田块很难做到。航播覆土效果差。

穴播：此法便于中耕除草，但仅限于湿润播种。行穴距离，南方一般为15厘米×15厘米或18厘米×12厘米，或15厘米×12厘米，每穴以6～8粒（常规稻）为宜；北方行穴距离可以大些，一般是（21～15）厘米×（9～12）厘米，每穴8～10粒（常规稻）。在生产上有机械穴播与人工穴播两种方式。杂交稻穴播时，每穴种子量可酌情减少，一般每穴3～5粒。

条播：该法比撒播和穴播更易于机械化作业，北方大型农场多采用机械条播法，并且条播适合密植和中耕除草。一般来说，条播的行距由播种机确定，目前国内的机型多为20～25厘米，国外如与我国情况较类似的日本、韩国，其机型多为30厘米。播种量则是通过调整播种行内的播种密度或播幅来确定。

一般湿润直播用的种子需要浸种催芽。人工播种的，对种芽长短要求不是很高，以短芽为好；机械播种的，对催芽要求较高，种子要催芽至破胸露白，催芽要整齐一致。

（3）播种后的田间管理

①水浆管理　播种后至3叶期的水肥管理是全苗、保苗的关键。对浸种催芽播种的，播后应保持田面湿润，不使其开裂，使种谷既不缺水又不缺氧，这样有利于发芽整齐，根、芽协调生长，并可促使幼芽粗壮，根系下扎；若播后遇大雨，则应灌水，以免田间“露籽”或芽谷被雨水冲走；至2叶1心时结合施“断奶肥”灌水，建立浅水层；此后随着秧苗长高，保持2～3厘米水层。南方晚稻水直播正值高温季节，要活水灌溉防止烫苗，以便秧苗早发快长。对于干谷排水播种的，当种谷被泥浆黏着后，可灌浅水浸种2～3天。在地势较高、泥浆过硬和露籽较多的地段，要在灌水前先进行人工浇水浸湿种谷，一夜后再灌水，可减少漂种数。见芽后彻底排水，保持田面湿润，以利扎根出苗。

3叶期后宜建立浅水层，促进分蘖发生。分蘖盛期达到预定苗数（30万～35万）时，应及时排水搁田。水直播水稻根系分布浅，稻田宜多次轻搁，以利根系深扎，降低最高苗峰，协调个

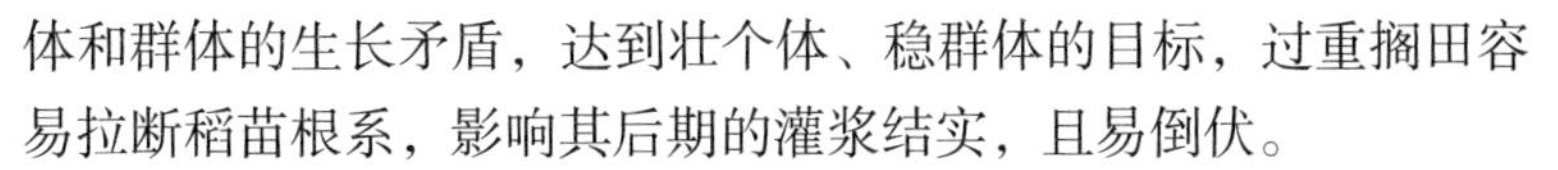

体和群体的生长矛盾，达到壮个体、稳群体的目标，过重搁田容易拉断稻苗根系，影响其后期的灌浆结实，且易倒伏。

后期（抽穗至收获）水浆管理要求间隙灌溉，即干湿交替，以湿为主，在前一次灌水落干后过 3～5 天再灌一次水，切忌断水过早，以保持和延长稻苗根系活力，达到养根保叶、增粒重、防倒伏的目的。

②肥料管理　直播水稻根系发达，分蘖力强，苗数多，有效穗多，所以吸肥能力强，需肥量大，要在重施基面肥（约占总量的 60%）的基础上看苗、看田，适当施用追肥。直播稻的大田分蘖期较长，分蘖肥可分次施用。在稻苗 2 叶 1 心到 3 叶 1 心时施第一次分蘖肥，也可与断奶肥合并施用，一般亩施尿素 5～7 千克，促进稻苗早分蘖，长大蘖。在 4 叶 1 心到 5 叶 1 心时，根据稻苗分蘖情况再施第二次分蘖肥，每亩施尿素 8～10 千克、氯化钾 5～10 千克。以后根据苗情和天气情况，在倒 3 叶至倒 2 叶抽出时追施一次穗肥，每亩施用尿素 5 千克左右。此次肥料要慎重掌握，施得过多容易造成稻苗贪青，降低结实率。一般粒肥采用叶面追肥的形式施，每亩用尿素 0.3～0.5 千克加磷酸二氢钾 0.15～0.2 千克，加水 50～70 升喷施，以促使籽粒饱满，达到增穗、增重的目的。

③杂草防除　水稻湿直播除在播前封草，还要重视在播后除草。播后除草主要有两期：第一期是在播种后、立苗前放干田水，选用杀草广谱性、对水稻安全的芽前除草剂做封闭处理，可有效地控制稗草、莎草和其他一年生杂草的萌发，尤其对于播前没有进行封闭除草的稻田十分必要；第二期是在 3 叶期后，对已萌发的稗草、三棱草、阔叶草等杂草选择相应化学除草剂进行补除。

除了播种前的封闭、苗期的封杀，若还有零星杂草，则需要辅助人工拔除。此外，早籼稻茬直播稻连着晚粳稻易导致籼粳混杂发生，既影响产量，又影响质量，所以要进行人工除籼。

④病虫害防治　湿润直播稻田，特别是撒播稻田，苗多、群体大，田间比较荫蔽，加上叶片较嫩，易遭受病虫危害。主要病害有稻瘟病、稻纹枯病、稻白叶枯病、水稻细菌性条斑病、稻曲病、病毒病等。主要害虫有稻蓟马、螟虫（二化螟、三化螟、大螟）稻纵卷叶螟、稻飞虱、稻苞虫等。要根据病虫发生情况，加强预报检查，及时采取防治措施，坚持农业防治和药剂防治相结合，确保高产。

2. 旱 直 播

（1）播种前准备

①整地与施肥　整地：水稻旱直播的整地方法与旱作物基本相同，但对整地质量要求较高，主要是田面要十分平整，土块细碎。对采用深覆土播种，利用底墒出苗的，还要求土壤保墒良好。直播稻田如果耕耙的不细碎、不平坦，那么不但会造成灌排不一致的困难，而且在盐碱地上更会引起可溶性盐类局部积聚，使高处幼苗受严重盐害，低洼处幼苗遭受深水和盐碱危害，保苗率低，幼苗生长差。为了提高整地质量，根据不同土质掌握翻耕时的土壤含水状况非常重要。各地经验表明，土壤适耕期的含水量，黏土以 18%～20% 为宜；壤土高些，约为 26%。在上述水分状况下翻耕稻田，更容易将田整平、将土块耙碎。旱地改种水稻的，一般土质疏松，容易达到旱直播的整地要求。前作若为垄作，则早春可先破垄耙茬，耧出残茬后全面耕翻，使全田耕深一致，犁后进行碎土平地。如果是土质黏重的旱地，那么还要秋耕春耙，达到整地标准。北方耕耙过的土地往往耕层松软，旱直播时土壤机体会下沉，导致播种过深而影响全苗，所以播前要求镇压土壤。一般镇压会防止播种过深。目前，南方的旱直播水稻主要分布在绿肥田、冬闲地和麦茬田上，所以整地时对土壤水分有一定要求，适耕期的土壤含水量为土壤最大持水量的 40%～45%，太干、太湿均不适宜耕作，而且平整度差。若土壤黏重、排水不良，则要抢时间提早耕翻，并在耕后土垡水分适宜时期耙

地，严防耕耙脱节，土垡变硬。若耙后仍有僵硬土块，则可进行镇压，或趁雨后土壤水分适宜、不黏农具时再补耙，使土壤平坦细碎。

施肥：根据旱直播稻分蘖节位低、分蘖早、分蘖多、根系发达、根层浅，以及分蘖高峰期出现早、下降快、成穗率低、每穗粒数少等生育特点，在施肥技术上应采用“前足、中促、后稳”的平衡促进施肥法，施肥量要比水直播稻适当高一些，以便增穗、增粒，后期不早衰、不贪青，达到高产的目的。“前足”是指基肥和分蘖肥要足，占总施肥量的60%～70%。基肥占40%左右，以有机肥为主，每亩施750～1 000千克栏肥＋10～15千克复合肥（或10～20千克硫酸铵，或5～7千克尿素）+25～30千克过磷酸钙。基肥可在耕地前或粗整地后施用，采用全层施肥或机械深条施肥法，施后随即翻耕或旋耕。

②播前的化学除草　水稻旱直播是在旱田状态下整地与播种的方法，稻种播入浅土层内，播后灌水，湿润出苗。出苗后，苗期建立水层或保持田面湿润。根据旱直播的前期水分管理和杂草发生特点，目前对旱直播稻田的杂草防除以农艺、生态防除为基础，化学除草为主，人工拔除为辅的综合防除策略。其中化学除草主要是在播种前、播种初灌后和苗期进行。旱直播播前进行化学除草时，要在前茬稻株离田后对前期杂草封闭灭杀，以减少前期杂草对旱直播稻的危害。除草剂一般选用广谱、安全的土壤处理剂。

为了提高土壤处理和封闭除草的效果，施用除草剂时要注意以下事项：一是精细整地（灭茬），做到地面平坦、土粒细碎，使药剂能均匀地覆盖地面，真正起到封闭的作用，板茬免耕的一定要注意尽可能留低茬，收后务必灭茬。二是提高施药质量，首先要选匹配的除草剂，施药均匀，不重喷、不漏喷，准确无误；在施药时土壤要湿润，超湿效果更好，一般表土较干的，喷药时加水量相应增大。三是喷药后尽可能减少土层翻动，一般不进行中耕，有大草可人工拔除。四是药液要现用现配，两种药剂混合使用时不要提前混配，杀草丹和丁草胺渗入土壤下层会使稻根受到药害，渗透性强的沙土地更应慎重使用药剂。此外，除草醚使用不当会使稻苗芽鞘受害甚至死苗，要严格控制用量。

（2）播　种

①播种期、播种量和播种方式　旱直播稻的播种期可参考水直播稻，一般较水（湿）直播适当提前，但须适时进行初灌才能提早出苗。初灌时间一般以昼夜平均气温达到 12℃时为宜。若过早灌水，则水温过低，也会导致出苗不齐，或烂种死苗，成苗率降低。

旱直播对播种量和种子质量的要求与水直播基本相同。每亩田的播种量因整地、种子大小及保苗情况而异，一般常规稻为 5～7 千克。

旱直播播种方式与水直播基本相同，但生产上，尤其是采用机械直播的，多采用宽幅条播方式播种。一般以行距 18～20 厘米、播幅 3～4 厘米为好。窄行条播时，密植程度较大，种子较易均匀分布，但只能在整地质量好、杂草少或用除草剂可有效控制杂草的情况下采用。

②播种方法　旱直播稻田在提高整地质量的基础上，可因地制宜地采用下列方法。

第一，浅覆土播种。适用于整地质量较好、排灌方便、杂草较少的田块。因为播种后立即灌水，所以播种宜浅不宜深，否则种谷在土壤浸水情况下不易生根发芽。试验表明，播种深度约为 1 厘米的幼苗生长良好，苗壮根多，保苗率达 67%；2 厘米左右时，保苗率降低至 50% 左右，且出苗迟，苗矮根短，根数及叶片数也少；超过 2 厘米时，保苗率显著下降，幼苗生长不良。

第二，深覆土播种。适用于土质疏松、整地精细、土墒良好、杂草少、水源不足的北方稻区。种子播后利用土中蓄存的水分发芽出苗，可克服种谷在水层下氧气不足的缺点，因而根系发育良好，植株健壮，抗倒性强。据黑龙江省试验：深覆土播种的保苗率可达86%，比浅覆土的提高18.2%，且能节约用水，也便于在灌水前进行机械除草。此外，原墒出苗既不受雨水限制可及时播种，又可根据水源情况调配劳力，分期灌水。播种深度依土壤和水分状况而定，一般播深3厘米左右，土质黏重、水分多，可浅播；相反，土质轻、水分少则可适当深播。

第三，种子附泥播种。此法对整地时的土壤细碎程度要求不高，适宜杂草多和盐碱地应用。种子附有薄泥层时，种子播在地表不覆土，随即灌水，种谷不漂浮，且有水层抑制杂草，种子外附的土块极易松散，出苗率和保苗率都比浅覆土播种高。附泥处理方法：先将种子浸湿，再用约为种子重量20%的过筛细土与种子充分搅拌，使种子黏一层很薄的泥土，摊晒，使种子迅速干燥，筛去泥块即可用条播机播种。

（3）播种后的田间管理

①水浆管理　3叶期前的水分管理：旱直播播种后至3叶期是种谷早发芽、快长根，为培育壮苗打基础的时候。水分管理方法因播种方法而异。浅覆土播种的3叶期前水分管理：要求湿润出苗或缓灌结合、排水晒田，以便出苗保苗。一般播后缓灌5～6厘米水层，经一周左右，在种谷即将萌发出土时排水晒田2～4天，之后恢复浅水层，促进发根出叶。为了提高出苗率，可在齐苗前再排干水，晒田1～2天。在旱地改水田和新垦荒地上种植的还可采用湿润秧田的灌溉方式，灌一次水后，任其自然落干，干后再补水，保持田面湿润；齐苗后，幼苗生出根叶，至苗高3厘米左右时开始保持水层，水深不宜超过苗高的2/3。深覆土播种的3叶期前水分管理：水源条件好的，宜在齐苗后开始初灌，保持浅水层，可减少杂草；水源条件差的，可在2～3叶期开始初灌，但水量宜少，使土壤水分接近饱和程度，之后再保持浅水层。种子附泥播种的3叶期前水分管理：一般是播后不覆土，随即灌水，水层5厘米左右（种子附泥，灌水时不会漂种）。

出苗前后排水晒田 3～5 天，有利于种谷扎根，出苗齐全，生长健壮。出苗后至 3 叶期可经常保持水层 5 厘米左右。

分蘖期水分管理：旱直播分蘖期灌水，具体方法与水直播稻相似，以浅水灌溉与湿润灌溉为主。秧苗分蘖达到要求的茎蘖数后及时晒田，以防其穗型发育不全和后期倒伏。北方稻区昼夜温差大，一般不进行晒田，够苗数后深灌溉，水层至 10～12 厘米，以抑制无效分蘖的萌发。

后期水分管理：旱直播后期以间歇灌溉为主，以利发根、壮秆，防止倒伏，孕穗、出穗时灌浅水，谷粒灌浆后继续间歇灌溉。东北稻区为防御低温冷害，孕穗至出穗开花期可深灌 7～8 厘米水层保温，齐穗后再间歇灌溉。

②肥料管理　旱直播稻在施肥技术上采用“前足、中促、后稳”的平衡促进施肥法，常用“基蘖穗肥”或“基蘖穗粒肥”，地力好、栽培水平高的也可采用“基穗”型施肥法。“前足”不仅要求基肥足，而且还要重视分蘖肥施用；“中促”指普施、重施促花肥，占总施肥量 20%～30%；“后稳”指一般不施或少施保花肥，以防秧苗贪青迟熟。旱直播稻的施肥量可参考水直播稻，并在此基础上适当多一点儿。同时，为提高旱直播稻的成穗率，还必须结合灌水措施及时合理地调整施肥量和施肥时期。

分蘖肥一般分两次施用：第一次在 3～4 叶期，少量早施，可每亩 3～5 千克尿素，促进早分蘖；第二次在 6～7 叶期，适当多施，每亩 8～10 千克尿素和 10～15 千克氯化钾，促苗平衡早发，壮蘖争足穗。穗肥（促花肥）多在倒 4 叶期时施用，每亩 3～4 千克尿素，以促花增粒，巩固有效穗数。保花肥一般在倒 2 叶长出一半和剑叶露尖时施用，这一时期的施肥要慎重，做到看苗、看田施肥，少施甚至不施。此外，在水稻抽穗灌浆期可适当进行根外追肥，每亩追尿素 0.3～0.5 千克和磷酸二氢钾 0.15～0.2 千克，加水 50～70 升喷施，以促使籽粒饱满，达到增穗增重的目的。

③杂草防除　旱直播稻田的杂草与稻同时发芽生长，其危害远比移栽稻田和水直播稻田重。因此，必须采取以化学除草为基础，耕作栽培除草和人工除草相结合的综合防治措施才能有效防治草害。对水生杂草严重或宿根性杂草（如芦苇）较多的稻田可采取水旱轮作、伏秋深耕或播前浅耕灭草等措施，严格清选种子，清除沟、埂杂草，进行稻田中耕和人工除草、拔除稗穗等措施。化学防除一般强调二次施药技术，施药要抓住两个关键期：播种上水期（封草）和水稻2叶期（杀草）。要针对杂草种类选用适宜的除草剂，用量准确，喷施均匀，并与灌水配合好，以充分发挥药效。

④病虫害管理　旱直播稻田的病虫种类、发生危害时期与水直播稻田相似，但是直播的幼苗期地下害虫发生较多，苗期稻象甲发生危害较重，中期2～3代稻纵卷叶螟发生较迟，纹枯病和稻飞虱发生迟但危害轻。在稻瘟发病区后期，穗颈瘟病发生偏重。因此，必须根据旱直播稻田病虫发生和危害的特点进行认真防治，防治方法同水直播稻田。旱直播稻田的病虫害管理中，对幼苗期地下害虫的防治不可忽视，防治方法可参考本章“水稻旱种”的相关内容。此外，近年来随免耕麦和旱直播稻种植年限的增加，南方的稻象甲有发生量增大和危害严重的趋势，其防治方法：每亩用菊酯类农药（如敌敌畏乳油）杀死，或20%氰戊菊酯乳油25～30毫升加水50升喷雾，防治1～2次，能有效地控制虫口数量，还可以通过建立水层及时施肥，促苗生长。

（四）适用范围

直播技术适合在大兴安岭南麓山区、大别山区、罗霄山区、秦巴山区、武陵山区、滇桂黔石漠化区、乌蒙山区、滇西边境山区、南疆三地州和原中央苏区等大多数稻区的单季稻生产中应用。

（五）注意事项

1. 选择适宜品种 要求具备生育期相对较短、株型紧凑、适于密植、防倒伏能力强等生育特性。

2. 保证出苗 栽培管理中要注意平整稻田，提高播种质量，争取全苗，达到预期的基本苗数。

3. 杂草防治 水直播稻田杂草丛生，特别是撒直播稻田，人工除草难以奏效。直播栽培要求能合理应用化学除草剂，有效除草。

4. 防止倒伏 直播稻的种谷播于土表，稻苗扎根浅，生育后期易倒伏，要注意通过肥水调控等措施防止群体过大而发生倒伏。

三、抛秧技术

（一）概　况

水稻抛秧作业效率高，操作简单，在手工移栽劳动力紧张的地区可确保水稻基本苗的稳定。但抛秧对整田的要求较高，抛秧的均匀度直接关系到产量的高低。

我国水稻旱育抛秧技术主要有 3 种方式：①塑盘旱育抛秧，即带土抛植，具有易抛秧、易立苗的优点，但其秧龄弹性小，培育壮秧难，育苗成本高。②肥床旱育抛秧，具有秧龄弹性大、利于高产的优点，但其秧苗根部带土量少，抛植困难，不易立苗。③无盘旱育抛秧，综合了塑盘旱育和肥床旱育抛秧的优点，采用“无盘抛秧剂”包衣技术在秧苗根部形成“吸湿泥球”，利于抛植立苗，易培育壮秧，不受秧龄限制，利于高产，具有广阔的应用前景。目前水稻抛秧技术已逐步发展成为我国水稻简化栽培的主要技术之一。近几年来我国的水稻抛秧面积基本稳定在 1 亿亩以上，占我国水稻种植面积的 24% 左右，其中有 13 个省（自治区）

的抛秧面积在 100 万亩以上。我国水稻抛秧在华南双季稻区和长江中下游双季稻区种植面积较大，分别占这两个稻区水稻种植面积的 60% 和 40% 以上。

（二）特　点

1. 塑料软盘培育规范化育秧　水稻抛秧是用塑料软盘培育规范化的带土秧苗，以人工或机械将秧苗往空中定向抛撒或点抛，利用带土秧苗自身重力插入田间定植的一种水稻移植方式。可采用大孔软盘（如每盘 434 孔）加大秧苗营养面积，每孔 2～3 苗，不能过多。坚持使用壮秧剂与苗期喷施矮化剂，实行秧田全程化控。同时坚持全程旱管为主，提高秧苗抛后的生长爆发力。

2. 抛秧栽培技术优势　一是省工、省力、争季节，确保适时插秧，不误农时；二是省种、省水、省秧田；三是水稻抛秧与旱育秧、化控等技术相配套，可充分发挥其产量优势，达到增产增收的效果；四是有利于实行专业化、规模化育秧和供秧，因为水稻抛秧育苗用地少且集中，同时育秧时间短、苗龄较小，有利于连片集中育秧与商品化供秧，实现水稻生产的集约化经营，并向社会化服务方向发展。

抛秧栽培还具有其他特点：①活棵快，分蘖多。抛栽秧苗一般无明显生长停滞期，分蘖起步早，发生快，缺位少，而且低位分蘖较多，高峰苗量大，群体有效穗数多，但成穗率偏低，所以栽培上要及早控制无效分蘖，及早施用穗肥，巩固分蘖成穗。②群体叶面积较大。因为抛秧稻分布不规则，株型较松散，叶片开张角大，田间叶片分布较均匀，最大叶面积指数（LAI）高于手插稻，且中下层叶量所占比重相对较高，因此抛秧水稻群体的光合能力较强。在栽培上要注重塑造良好株型、改善叶姿，优化群体结构与质量。③单位面积容纳的穗数及颖花量均较多，抽穗后群体光合层厚，有旺盛的物质生产能力。生长后期要加强根的养护，充分利用高产群体的机能。

（三）技术要点及操作规程

1. 品种选择 因水稻抛秧栽培扎根较浅，落田苗较多，所以品种要求穗大粒多、分蘖中等、矮秆抗倒伏。二熟制早稻旱抛秧具有早播早熟、抗灾能力强的特点，一般选择晚熟品种；三熟制早稻旱抛品种以早、中熟为主，适当搭配晚熟品种，晚稻旱抛考虑到安全齐穗因素，只能选用早、中熟杂交组合。

2. 塑盘旱育壮秧

（1）**壮秧指标** 秧龄30天左右，叶龄5.5叶左右，苗高13～15厘米，单株基茎粗0.35～0.40厘米，单株绿叶数4.0～5.0，单株白根数12～15条，单株发根力5～10条，单株带蘖1个以上，百株干重7.5克左右，叶色4.0～5.0级，无病斑虫迹。

（2）**育秧准备** 以旱化、培肥为中心，优化秧田茬口布局，单季稻采取“育秧－蔬菜/玉米、大豆、杂粮等－蔬菜/冬翻冻土、春翻培肥－育秧”的模式。做好秧田培肥，结合耕翻晒垡，每亩秧田施腐熟的人、畜粪3000千克；播种前20天，每亩秧田施尿素、45% BB肥各30千克，施后及时耕翻，达到全层均匀施肥；秧田做到灌、排分开，内、外沟配套，能灌水、能排水、能降水。干整做板，先进行耕翻，深度10厘米左右，后开沟做畦，畦面宽150厘米，沟宽25厘米，沟深15～20厘米，再加工整理，力求畦面平整细软。每亩大田用盘（451孔或434孔）50～55张（5～10张留做太平苗），秧盘与秧板要贴紧不能吊空；每50张秧盘用壮秧剂750克（每张秧盘15克），与5～7.5千克细土拌匀后均匀撒入盘孔内，再撒底土至秧盘孔穴的1/2处。

（3）**精量播种** 适期播种：种子经精选、日晒等处理，每4～5千克种子用25%咪鲜胺乳油2毫升浸60～72小时，不经催芽直接播种。以田定盘，以盘定苗，以苗定种，每亩大田用种量2～2.5千克（高产栽培可降至1.75千克左右）。播种要定量均匀，先播2/3（播时用帘子、板子等挡在秧盘边上），再用1/3

补缺（尽量不要漏播），平均每孔3粒左右。在用种量比较少的情况下，也可在壮秧剂撒好之后将种子与营养土充分拌匀（每张秧盘约0.5千克细土），直接撒到秧盘里。随后用未拌壮秧剂的营养土盖种，做到盖种不露种，并扫清盘面余土。

（4）**秧苗管理**　播种后用水壶淋浇，浇透、浇足，确保发芽出苗所需水分。若灌水，则必须速灌速排，同时做好覆膜盖草保温等措施。待灌水落干后，用泥将秧盘四周围起来，防止跑墒。然后平盖地膜（注意不要贴膏药），加盖稻草，每50张秧盘盖草6.5～7.5千克，保持10%～15%透光率。覆膜盖草期间不需灌水，下雨天要及时排除秧田积水。按旱育秧做好揭膜、水分管理、化学调控、治虫防病等工作。

3. 均匀抛栽，提高抛栽质量

第一，高质量整地。坚持薄水整地，田面平整干净，表土糊状，有薄水层或基本无水层。

第二，依品种、秧龄、地力等资料，按照公式计算出适宜的基本苗数，进而确定抛秧量（盘数），采取先远后近分次抛，小把高抛、迎风抛，抛栽时应选择无大风、大雨的天气，尽量抛高、抛匀，秧根入泥土0.5～2.0厘米。一般先抛总盘数的70%，余下的30%看秧苗的均匀度，被用于补稀补缺、补田边和田角。

第三，抛栽后结合整理操作行，匀密补稀、补田边，消灭面积大于1 000厘米^{2}的无苗空白田。

第四，抛栽后要求晴天灌薄水、阴天满沟水，保持田面水渍状，晚上适当露田，促扎根立苗。

4. 大田管理

（1）**化学除草**　因为抛栽时苗体小，又以湿润灌溉为主，易滋生杂草，所以应重视化学药剂除草。一般抛秧5～6天后，即秧苗全部扎根竖直后保持田间2～4厘米水层，每亩用30%抛秧一次净粉剂40克，拌干细土20千克或拌尿素6～8千克，混合后撒施，施药后4～5天不排水。

（2）**水浆管理**　抛秧后3～5天采取湿润灌溉，坚持阴天或无雨的夜间露田，晴天午间以薄水护苗，风雨前做好“平水缺”，及时排水防漂秧。此期采用浅水促分蘖，提早搁田，拔节后则采用长期硬板湿润的灌溉技术。立苗后宜建立1～3厘米的浅水层，促进分蘖，并以水层进行生态控草。当大田茎蘖数达到预期穗数的80%左右时自然落干，并开好搁田沟，通过多次轻搁田使土壤沉实硬板。群体大的田块要适当多搁，生长不足的田块也要适度轻搁。搁田达到标准，至成熟前一周，以田面湿润为主，土壤保持硬板、不回软，以延缓根系衰老，提高结实率、粒重和抗倒伏性。这种灌溉方式不仅节水20%～30%，还能增强植株的固持力，较好地解决高产与倒伏的矛盾。

（3）**肥料运筹**　抛秧稻所用氮、磷、钾数量与一般的移栽稻相似。氮肥：在有机肥和无机肥并用及氮、磷、钾协调的基础上，基蘖肥与穗肥的含氮比例一般为6∶4。具体实施时，一是根据目标产量的养分吸收量、土壤养分供应量及肥料利用率确定合理的总施肥量；二是因为抛秧稻返青期短，分蘖快，够苗早，高峰苗易偏高，成穗率低，后期易倒伏，所以应适当减少基蘖肥，相应增施穗肥，一般中等地力基肥占40%、分蘖肥占20%、穗肥占40%。在上等地力中，基肥、分蘖肥、穗肥的施用量以4∶3∶3比例更好。适当减少基肥用量，可恰好利用抛秧的早发优势，使群体无效分蘖期稳、长，并依苗情早施促花肥，以便壮秆和形成大穗。

（4）**病虫害防治**　及时防治稻蓟马、螟虫、飞虱、条纹叶枯病、稻纵卷叶螟、纹枯病、稻瘟病等。

（四）适用范围

直播技术适宜在大兴安岭南麓山区、大别山区、罗霄山区、秦巴山区、武陵山区、滇桂黔石漠化区、乌蒙山区、滇西边境山区、南疆三地州和原中央苏区等稻区应用。

（五）注意事项

第一，抛秧稻根系发达，分布浅而集中，在群体偏大、田间肥水调控不当时可能出现根倒现象，必须在防倒伏措施上下功夫。同时需要统筹肥水调控工作，塑造抗倒伏的固根、壮秆、大穗的株型，优化群体结构与质量。

第二，需要高质量整地。薄水耕整地不仅能将前作秸秆均匀埋布在耕作层中，使土表无秸秆、杂草等杂物，而且还能使田面平整，土壤软烂成糊状，基本无水层，确保秧苗抛栽时根球入土，提高物理立苗率。

第三，抛匀适宜的基本苗数。按叶龄模式计算大田基本苗数，以苗定盘，定量均匀抛秧，抛后留出操作行，移密补稀，使全田秧苗分布均匀，从平面上建好合理群体结构的基础。

四、机插技术

（一）概　况

机械化插秧技术是通过规格化育秧并采用插秧机代替人工栽插秧苗的水稻移栽技术，主要内容包括适宜机插秧的秧苗培育、插秧机操作使用、大田管理农艺配套措施等。采用该技术可显著减轻水稻种植劳动强度，实现水稻生产节本增效、高产稳产的目的。

近几年，我国政府十分重视水稻机械插秧的技术研究和推广，研发了技术成熟、性能稳定、质量可靠的新型高性能插秧机。新型高性能插秧机达到了世界先进水平，适合我国水稻生产实际，其作业性能和作业质量完全能满足现代农艺要求。同时，该器械以机械化作业为核心，实现了育秧、栽插、田间管理等农艺配套技术的标准化，促使机械化插秧的发展速度加快。目前我国以水稻机插秧为主的机械化种植面积已占水稻种植总面积的

40% 以上。

采用机械化插秧技术，可明显降低水稻种植成本，即使考虑用油及送秧成本，机插秧总成本也不到人工插秧的 50%。随着经济社会发展，劳动力转移及用工费用增加，机插秧的节本省工效果将更为明显。此外，机插秧育秧密度大，秧田和大田比可达 1∶100，比人工插秧的秧田和大田比 1∶8 节省秧田 92% 左右，同时机插秧有利于秧苗集中管理，社会经济效益明显。

（二）特　点

在正常机械作业状态下，影响机插作业质量的主要有两大因素：秧苗质量和大田耕整质量。

1. 秧苗质量　插秧机所使用的秧苗是以营养土为载体的标准化秧苗，简称秧块。秧块的标准（长×宽×高）为 58 厘米×28 厘米× 2 厘米。长、宽在 58 厘米× 28 厘米范围内，秧块整体放入秧箱时才不会卡滞或脱空漏插。秧块的长、宽规格，在硬塑盘和软塑盘育秧技术中，用盘来控制；在双膜育秧技术中，通过起秧时切块来保证规格。在适宜播量下，使用软盘或双膜促使秧苗盘根，保证秧块标准成形。土块的厚度为 2～2.5 厘米，铺土厚度通过机械或人工来控制。床土过薄或过厚会造成秧爪伤秧过多或取秧不匀。

机插秧所用的秧苗为中小苗，一般要求秧龄 15～20 天、苗高 12～17 厘米。插秧机是通过切土取苗的方式插植秧苗，所以要求播种均匀。标准土块上的播种量俗称每盘的播种量，一般杂交稻每盘芽谷的播量为 80～100 克，常规粳稻的芽谷播量为 120～150 克。插秧机每穴栽插的株数，即每个小秧块上的成苗数，一般要求杂交稻每平方厘米成苗 1～1.5 株，常规粳稻成苗 1.5～3 株。播种不均匀会造成漏插或每穴株数差距过大。

为了保证秧块能整体提起，要求秧苗根系发达，盘根力强，土壤不散裂，能整体装入苗箱。同时，根系发达也有利于秧苗地上、地下部的协调生长。因此，在育秧阶段要十分注重根系的培育。

2. 对大田整地的要求　因为高性能插秧机采用中小苗移栽，所以对大田耕整质量要求较高。一般要求田面平整，全田高度差不大于 3 厘米，表土硬软适中，田面无杂草、杂物，麦草则必须压旋至土中。大田耕整后需视土质情况沉实，沙质土的沉实时间为 1 天左右，壤土一般要沉实 2～3 天，黏土沉实 4 天左右后插秧。若整地沉淀达不到要求，则栽插后的泥浆沉积将造成插秧过深现象，影响秧苗分蘖，甚至减产。

（三）技术要点及操作规程

1. 品种选择　选择在当地生态条件下能安全成熟的、生育期较长的高产优质品种。

2. 培育壮秧

（1）适宜秧龄　单季稻机插秧的适宜秧龄为 3～4 叶期（南方稻区秧龄一般为 15～20 天）。在特殊情况下，如超稀播，育秧采用化控措施或水肥控制，抑制秧苗高度，秧龄也可适当延长到 4 叶 1 心期。

（2）适时播种　具体播期除了先与当地种植制度相适应外，还要根据茬口、移栽期和品种安全高产的适宜机插秧龄等因素来确定。

（3）适宜播种量　培育壮秧，播量是关键。研究表明，播量过低时，尽管秧苗个体指标得到优化，但群体指标不能满足机插要求。同时由于单位面积苗数少，漏插率高，最终也会影响产量。播量过高时，苗间通风透光差，苗高细弱，秧苗素质很差。机插秧在计算播量时应考虑千粒重的差异。在落谷密度相同的情况下，落谷均匀度越高，成苗越均匀、整齐，栽插漏穴率越低，本田秧苗分布均匀度也越高。因此，在满足上述条件下应尽可能稀播匀播，以提高秧苗素质，增加秧龄弹性，提高成苗率，确保大田栽插质量。3 叶龄移栽的落谷密度最低限值为每平方米

27 000 粒，4 叶龄移栽则为每平方米 22 000 粒。

3. 播种前准备

（1）备足营养土 取秋耕、冬翻、春耖休闲田的表层土粉碎过筛（4～6 毫米），按每亩大田 150 千克备足。每 100 千克细土加壮秧剂 0.5 千克充分拌匀，起到培肥、调酸的作用（pH 值中性至微酸性）。

（2）做好秧田 按 1∶100 的比例准备好秧田，并严格按技术标准做好样板。

（3）备足秧盘 按每亩大田 22～30 张秧盘备足，旧盘用前要消毒杀菌。

4. 种子处理 备足饱满、发芽率高（90% 以上）的种子，机械去芒（枝梗），扬晒 1～2 天，再用比重为 1∶1 盐水选种，然后每 5 千克种子用 25% 咪鲜胺水乳剂 3 毫升（2 000 倍液）+10% 吡虫啉可湿性粉剂 10 克（600～800 倍液）浸种 3 天左右，可防治恶苗病及稻蓟马、稻飞虱，播前种子要求达到破胸露白。

5. 精量播种

（1）铺盘 将软盘沿秧板长的方向并排对放，盘间紧密铺放，铺盘结束后，秧板四周加淤泥封好软盘横边，保证尺寸。

（2）铺土 将床土均匀平整地铺放在软盘内。底土厚度控制在 2～2.5 厘米。

（3）喷水 均匀喷洒使底土水分饱和。

（4）播种 播种质量直接关系到秧苗素质和机插质量，因此，要准确计算播量，即根据设计播种密度和种子千粒重、发芽率、成苗率、芽谷 / 干种比等精确算出每盘或单位面积的芽谷播量，实行定量播种。

①手播种 铺盘、铺土、洒水、播种、盖土五道工序为手工操作，关键是要控制好底土厚度（2～2.5 厘米），洇足底土水，按盘数称种（一般粳稻每盘播芽谷 140～150 克，杂交粳稻每盘播芽谷 90 克左右），坚持细播、匀播。

②机播种　播前要认真调试播种机，使盘内底土厚度稳定在2～2.5厘米；每盘播芽谷140～150克（指种子发芽率为90%时的用量，若发芽率超出或不足90%，则播量应相应减少或增加）；盖土厚度为0.3～0.5厘米，以看不见芽谷为宜；洒水量控制在底土水分达饱和状态时，盖土后10分钟内盘面干土应自然吸湿无"白面"，播种结束后可直接脱盘于秧板，也可叠盘增温出芽后脱盘，做到紧密排放。

（5）盖土　种子播好后立即盖土，盖土厚度3～5毫米，以不见芽谷为宜。

6. 封膜、控温、保湿促齐苗　平盖农膜（膜下平放小竹竿）并四周封严实。之后再在膜上加盖一层薄稻草，遮阳降温，确保膜内温度控制在35℃以内；封膜盖草后灌一次平沟水，湿润秧板后排出，以利保湿促齐苗。

7. 揭膜炼苗　此阶段主要是防止高温伤芽，高温天气中午喷水于膜上的覆盖物降温，苗床温度控制在35℃以内，若有秧苗顶土困难，则及时喷水淋溶土块。齐苗至1叶1心期应及时揭膜，并浇水护苗。揭膜时间应选择在傍晚或阴天，避免晴天烈日下揭膜。播后3～4天，齐苗后即可揭膜。揭膜后需灌一次平沟水，以弥补盘内水分不足。

8. 秧田管理

（1）水分管理　揭膜前保持盘面湿润不发白，缺水补水；揭膜后到2叶期前建立平沟水，使盘面湿润不发白，盘土含水又透气，以利秧苗盘根；2～3叶期视天气情况勤灌跑马水，保证前水不干、后水不进，忌长期淹水灌溉（易造成烂根），移栽前3～4天灌半沟水蹲苗，以利机插。

（2）肥料管理　在秧苗1叶1心时应及时施断奶肥，按每盘2克尿素于傍晚撒施，或按8千克/亩加水1000升后浇施。施后要洒一遍清水，以防烧苗。栽前2天每盘用尿素3克作送嫁肥，并确保及时栽插。

（3）**株高调控** 为防止秧苗旺长，要控制秧苗高度以适应机插。对苗龄4叶期栽插的秧苗，秧苗1叶1心期每亩秧田可用15%多效唑可湿性粉剂75～100克加水喷雾。

（4）**病虫防治** 密切注意地下害虫、飞虱、稻蓟马及条纹叶枯病、稻瘟病的发生。机插前每亩苗床用30%三环唑可湿性粉剂40克＋10%咪鲜胺可湿性粉剂20克＋吡虫啉可湿性粉剂20克，混合后加水50升喷雾，可防治稻瘟病、稻蓟马、一代螟虫、灰飞虱等病虫害。防治蝼蛄可灌水驱赶或用40%乐果乳油250～300毫升加少量水拌干细土15～20千克，傍晚撒施。

9. 机插作业

（1）**精细整地** 机插水稻的大田整地质量要做到田平、泥软、肥匀。机插秧移栽时秧龄短、秧苗小，对大田的平整度要求高。通过旋耕机、水田驱动耙、秸秆还田机等耕整机械将田块进行耕整，做到田面平整，全田高低差不超过3厘米，田面“整洁”，无杂草、无杂物、无浮渣等，表土上细下粗，上烂下实。为防止壅泥，水田整平后需沉实，沙质土沉实1天左右，壤土沉实1～2天，黏土沉实2～3天。待泥浆沉淀、表土软硬适中、作业时不陷机时，保持薄水待机插。

（2）**合理栽插** 单位面积基本苗数＝单位面积高产适宜穗数÷单株成穗数。高产实践表明，江苏多数中粳常规品种适宜穗数为23万～24万/亩，早熟晚粳品种为21万～22万/亩，大穗型杂交粳稻为19万～21万/亩。单株成穗数为3～5个。这样机插获高产的合理的基本苗变化范围为5万～8万/亩。分蘖力强的大穗型品种基本苗在5万～6万/亩，大穗型杂交粳稻常优1号甚至在基本苗3万～5万/亩的条件下就可能获得700千克的产量。穗数型品种或穗粒兼顾型品种基本苗数为6万～8万/亩。同时，基本苗数确定时，还应综合考虑地力状况和秧龄大小等因素。合理的基本苗可通过设定栽插穴密度（穴数）与调节穴苗数确定。

单季稻机插秧一般采取固定行距30厘米，通过调节丛株距，一般常规稻机插规格为30厘米×（14～16）厘米，每丛4～5株，每亩大田1.4万～1.6万丛，基本苗在5.5万～8万，亩栽20盘左右。杂交稻机栽规格30厘米×（18～20）厘米，亩栽1.1万～1.2万丛，每丛2～3株，基本苗2.2万～3.6万，亩栽13～15盘。

（3）精确机插

①适龄栽插　严格按计划秧龄适时移栽。

②调整株行距　使栽插密度符合设计的合理密度的要求。

③调节秧爪取秧面积　控制秧块面积，使栽插穴苗数符合计划栽插苗数。

④田间水深要适宜　机插带土小苗时的田间水深应在1～3厘米。水过深易漂秧。栽插时要强调农机与农艺结合，严防漂秧、伤秧、重插、漏插，把缺穴率控制在5%以内。

⑤标准化秧块　插秧机秧箱的宽度是固定的（一般为28.5厘米），育成的秧块宽度必须与秧箱的宽度相同。若秧块宽度小于标准尺寸，则不能完全填满秧箱，易造成秧爪抓空，缺苗漏插的现象；若秧块大于标准尺寸，则取苗困难，秧块折起后不能与秧箱紧密接触，易出现秧爪折苗、伤苗现象，使插后秧苗不能成活，造成缺苗。

⑥标准化操作　插秧机行走规范，接行准确，减少漏插，提高均匀度，做到不漂秧、不淤秧、不勾秧、不伤秧。

（4）及时补苗　由于机插秧受到育秧质量、机械操作和整田质量等因素的影响，会存在一定空穴，因此，要留一部分秧苗，在机插后及时进行人工补缺，以减少空穴率，提高均匀度，确保基本苗数。

10. 大田水分管理

（1）寸水栽插　水层深度1～3厘米，有利于清洗秧爪，不漂、不倒、不空插，具有防高温、防蒸苗的效果。

（2）浅水护苗活棵　机插秧苗小，栽后应灌拦腰水护苗（水层深度为水苗高的1/3～1/2），以防高温伤苗。

（3）**活水促蘖** 活棵后即进入分蘖期，这时应浅水勤灌，灌浅水1～3厘米，使其自然露干，田面夜间无深水，翌日（白天）上新水，夜间露田湿润，达到以水调肥，以水调气，以气促根，分蘖早生快发的目的。

（4）**适时搁田** 机插分蘖势强，高峰苗来势猛，可适当提前到预计穗数的70%～80%时自然断水落干搁田，反复多次轻搁至田面不陷脚、叶色落黄褪淡即可，以抑制无效分蘖并控制基部节间伸长，提高根系活力。

（5）**薄水孕穗** 水稻孕穗、抽穗期需水量较大，应建立浅水层，以促颖花分化发育和抽穗扬花。

（6）**间歇灌溉** 灌浆结实期间歇上水，干干湿湿，以利养根保叶，防止青枯早衰。

11. 合理施肥

（1）**施肥量确定** 水稻所需的营养元素除施肥外，其余部分由土壤提供。同时施用的肥料的养分也不可能全部被当季水稻吸收。施肥量计算公式如下：

$$\text{施肥量}=\frac{\text{目标产量吸收养分量}-\text{土壤养分供给量}}{\text{肥料元素含量（\%）}\times\text{肥料当季利用率（\%）}}$$

目前，在中等肥力水平条件下，机插粳稻高产（650～700千克/亩）田需亩施17.5～20千克氮肥，同时要施6～7千克磷肥、15～20千克钾肥。土壤肥力水平较高的施肥量可略微减少；地力差的要注意培肥地力，并适当增加施肥量。

12. 病虫草害综合防治

（1）**草害防治** 机插稻秧苗小，缓苗期长，大田空间大，加上前期又以浅水层为主，光、温、水、气等条件皆有利于杂草滋生。对稗草、牛毛草、千金子等浅层杂草发生密度较高的田块，结合泥浆沉淀，耙地、整地后每亩用60%丁草胺乳油100毫升拌细土 20～25 千克均匀撒施，施后田内保持 3～6 厘米水层 3 天，封杀杂草。栽前未封杀杂草的田块，可在栽插后 5～7 天结合施返青分蘖肥，使用除草剂除草；除草剂与氮肥一起拌湿润细土，堆闷 3～5 小时后撒施。化学除草后田间保持水层 5～7 天，水层以不淹没心叶为准。对栽前封杀处理的田块，若发生双子叶杂草和莎草科杂草危害，则要再使用苄黄隆除草。

（2）**病虫害防治**　大田生长期，必须及时抓好稻蓟马、灰飞虱及条纹叶枯病的防治工作，中期注意螟虫、纹枯病及稻瘟病、稻曲病的防治。

（四）适用范围

机插技术适宜在大兴安岭南麓山区、大别山区、罗霄山区、秦巴山区、武陵山区、滇桂黔石漠化区、乌蒙山区、滇西边境山区、南疆三地州和原中央苏区等大多数稻区应用。

（五）注意事项

第一，机插秧需要适期、适当稀播，培育适龄壮秧；连作晚稻要适时播种，根据早稻成熟期合理安排播期，避免超秧龄。

第二，双季稻机插要注意做好品种的搭配，应根据不同茬口要求、品种特性及安全齐穗期，选择成熟期适中、秧龄弹性大、抗逆性好、优质、高产、稳产的大穗型品种。连作晚稻品种还需选择生育期较短、秧龄弹性较大、耐低温、分蘖率较强的优质高产品种。

第三，机插时要求田面基本无水层，以提高插秧质量。机插秧大田应通过“精苗稳前”，即精确定量和稳定促苗前期早发，及早控制无效分蘖，改善群体质量，增加秧苗中期生长量，形成足够数量的大穗，从而有效地增强群体后期生产能力。

第四，生长中期及时排水控苗，控制群体，防止苗峰过大，穗型变小。

五、再生稻种植技术

（一）概　况

再生稻是采用特定的栽培技术措施，在头季水稻收割后的稻桩上的休眠芽萌发生长成穗而收割的一季水稻。水稻头季稻加再生稻的生产模式实现了水稻一种两收的生产方式。再生稻生产模式是随我国杂交稻的应用而发展起来的，杂交稻不仅头季稻产量高，还表现为再生能力强的特点。再生稻可以提高单位面积水稻产量，缓解双季稻生产季节性劳动力矛盾，具有省种省工、提高单位面积产量和效益等优点，也是南方稻区种植一季稻热量有余而种植双季稻热量不足的地区提高稻田复种指数、稻田单位面积产量和经济收入的水稻生产模式，也是水稻生产中头季稻遇到台风、洪涝等灾害，蓄留再生稻作为补欠增收的措施。

（二）特　点

1. 再生芽的发生　再生稻能利用的再生芽主要分布在头季最高分蘖节至倒 2 节上。在地表下，尤其是第一节以下的再生芽，由于长期缺少光和氧气等原因到头季稻成熟时已基本死亡。稻株地面节间伸长的节数，早稻品种一般有 4 个，单季稻品种一般有 5 个，再生稻可利用的再生芽数大致同水稻品种地上伸长节间的茎节数一致。不同品种的腋芽萌发力和同一品种不同母茎节位的腋芽萌发力不同，但总趋势是上位芽萌发率高，成活率高。根据再生芽萌发节位的差异，可将再生稻品种分为上位节、中位节、下位节和全位节四种，一般情况下，籼稻多属上、中节位或全节位类型，留桩较高才能高产。杂交水稻一般比常规水稻再生力强。

2. 再生稻的生长　稻桩上休眠芽的营养生长和幼穗分化始

于头季稻孕穗期以后，但其生长发育进程缓慢，直到头季稻成熟后才逐渐加快生长发育进程。芽伸长始于下节位芽，继而上节位芽。再生稻的叶片数较少，1 个再生苗上大多具 2 片绿叶，最多的有 3～4 片，少的仅具 1 片，加上再生苗的叶片数随着生芽节位上升而减少，使再生稻冠层透光率增大，为光合产物的生产和积累创造了有利的条件。再生芽的发生和生长初期所需营养主要是靠头季稻茎鞘中残留的同化物供给，生育后期则主要靠自身的光合产物。

上节位芽再生芽早于下节位芽穗分化，在母茎抽穗前按由下而上的节位顺序开始幼穗第一苞分化，在母茎抽穗后按由上而下的节位顺序进入一、二次枝梗分化。至头季稻完熟时，倒 2、倒 3 节芽 80% 以上进入了第二枝梗、颖花原基分化期，或雌雄蕊原基分化期。倒 4 节芽多在第二枝梗、颖花原基分化期，倒 5 节芽尚有 50% 以上处在第一次枝梗原基分化期。各节位芽从幼穗开始分化到齐穗需 35～45 天，由于腋芽在母体内已开始生长发育，因此，从头季稻完熟收割至再生稻齐穗只需要 25～30 天时间。

3. 再生稻生育特性　再生稻生育期短，从头季稻收割到再生稻齐穗只需要 25～35 天，全生育期只有 60～70 天，所以再生稻生育特性与头季稻差别较大。再生稻穗型小，其总粒数只有头季稻的 30%～60%，千粒重量下降 2～3 克；但其穗数多，再生稻的穗数可以达到头季稻的 1.5 倍。再生稻的粒叶比是头季稻的 2～3 倍。再生稻成熟期单株总干重为头季稻的 25%～35%。因为再生稻主要依靠多穗获得高产，所以其发苗期需保证足肥足水，争取再生蘖早发多发，形成更多有效穗。留桩高度对再生稻生育期有显著影响，在头季稻收割时间一致情况下，越早抽穗成熟，再生稻生育期越短。反之，就会延迟抽穗，延长生育期。

（三）技术要点及操作规程

1. 头季稻整地准备　头季稻大田整地质量要求做到耕整深

度均匀一致，田块平整，地表高低落差不大于3厘米；田面洁净，无残茬、无杂草、无杂物、无浮渣等；土层下碎上糊，上烂下实；田面泥浆沉实达到泥水分清，沉实而不板结；泥脚深度小于30厘米，田面水层保持1～3厘米。

有条件的稻区应实行冬翻田，冬翻田应旱耕或湿润耕作，提倡秸秆还田，采用翻耕或旋耕，犁耕耕深18～22厘米，旋耕深度12～16厘米。一般沙质土移栽前1～2天耕整，壤土移栽前2～3天耕整，黏土移栽前3～4天耕整。之后，采用水田耙或平地打浆机平整田面。

翻耕或旋耕应结合施用有机肥及其他基肥，使肥料翻埋入土，或与土层混合。

2. 播种育秧

（1）**种子准备**　选择杂交稻准两优608、丰两优香一号等品种，种子质量符合GB 4404.1要求，其中种子发芽率要求达90%以上。杂交稻按每亩大田1.5千克备足种子，种子需经选种、晒种、浸种、消毒、催芽等处理工作。机械播种的种子“破胸露白”即可，手工播种的种子芽长不超过2厘米。

（2）**播种时间**　水稻发芽的最低温度为12.0℃，出苗最低温度为14.0℃，15.0℃以上能顺利出苗，日平均温度20.0℃左右对培育壮苗最有利。根据浙江省常山多年的气象资料分析，不是很反常的天气条件下，头季稻在3月中旬可以开始播种。即使早春温度较低的2013年，3月26日平均气温7.9℃、3月27日10.8℃，短期的低温只要设有大棚、施用壮秧剂以及合理的田间管理，也不会发生严重的烂秧现象。因此，育秧大户3月上旬要勤看天气预报，根据天气趋势，在3月10日前后选连续3天日平均气温超过12℃的冷尾暖头进行播种。根据观察记载，再生腋芽在母体内已开始生长发育，至头季稻完熟期，倒2、倒3节腋芽处于幼穗分化第三期，距离抽穗有20～25天时间，如果再生稻在9月20日齐穗，头季稻收割到再生稻齐穗的时间为25天，那么头季稻收割时间要在8月25日之前。根据生育期推算，淮两优608要在4月10日之前播种，丰两优香1号、丰源优272要在4月15日之前播种。稻农务必根据播种季节提前做好春耕备耕工作，以早播早栽为前提，促进头季稻形成足穗、大穗，提高再生稻结实率与千粒重，夺取两季高产。

（3）培育壮秧　根据本地生产状况选择适宜的机插育秧模式和规模，尽可能集中育秧。有条件的地区应采用工厂化育秧或大棚旱育秧，也可以采用稻田旱育秧或田间泥浆（本土）育秧，但后者需要塑料薄膜覆盖保温育秧，以提高成秧率，培育壮秧。提倡流水线播种，可一次完成铺土、洒水、播种和覆土等四道工序的作业，效率高、质量好。根据插秧机栽插行距选择相应规格秧盘。杂交水稻每亩大田需备不少于20只秧盘。播种后洒水须使秧盘里的床土水分达到饱和状态，水从盘底滴出来，且表面无积水，覆土后能湿透床土的程度。播前做好机械调试，确定适宜种子播种量、底土量和覆土量，秧盘底土厚度一般2～2.5厘米，覆土厚度0.3～0.5厘米，要求覆土均匀、不露籽，覆土不可拌壮秧剂。播种至出苗期间，薄膜要严密封闭，以创造高温高湿环境促进扎根立苗；出苗到1叶1心期控温散湿。棚内温度控制在25℃左右，最高不超过28℃；1叶1心到2叶1心期增加通风时间，严防高温烧苗或秧苗徒长；2叶1心时开始揭膜炼苗，平均温度稳定在15℃以上可全部揭膜。

3. 头季稻机械插秧　机插秧大田必须根据田块土质提前做好耕整准备。大田一定要整平，做到高不露墩、低不淹苗。如果大田没有整平，那么冷空气来临灌水护苗时，低位置的会淹死，高位置的会冻死，造成大田缺苗。沙质土移栽前1～2天耕整，壤土移栽前2～3天耕整，黏土移栽前3～4天耕整。秧苗在2.6叶时开始插秧，3.5叶之前插秧完毕。秧苗插秧深度2厘米左右，插秧太深不利于返青活棵，也不利于产生低节位分蘖，插得太浅则会漂秧。插秧密度，淮两优608分蘖能力较强，以30厘米×

（16～18）厘米较合适，每丛2～2.5本，落田苗2.7万～3万/亩，每亩大田需15～17盘秧，折合用种量1.25千克左右。丰两优香1号、丰源优272以30厘米×（14～16）厘米较适宜，每丛2～2.5本，落田苗3万～4万/亩，每亩大田准备18～20盘秧，种子1.4～1.5千克。插秧时隔5～6米留一条田间操作行，插秧后立即灌薄水，可以有泥浆护蔸，促进秧苗早活。

4. 田间管理

（1）合理施肥 根据水稻目标产量和稻田土壤肥力，结合配方施肥要求，合理制定施肥量，培育高产群体。提倡增施有机肥，氮磷钾肥配合。各稻区施肥量根据本地区土壤肥力状况、目标产量和品种类型确定。一般有机肥料和磷肥用作基肥，在整地前可采用机械撒肥机等施肥机具施入，经耕（旋）耙施入土中。

①基肥 有机肥作基肥深施，每亩宜施用有机肥1 000～1 500千克，耙田前每亩施磷肥40千克，尿素8千克；未施有机肥的情况下，每亩大田施尿素12千克，磷肥50千克作基肥。

②分蘖肥 在移（抛）栽后5～7天，结合化学除草施分蘖肥，每亩施尿素10千克，氯化钾10千克。

③穗肥 在倒2叶抽出期（约抽穗前20天），每亩施尿素7.5千克和氯化钾10千克。

重施促芽肥，在头季稻齐穗后15～20天，每亩施尿素12.5～15千克、氯化钾5千克，有助于再生稻快发芽。

（2）水分管理 头季稻收获前的排水时间：头季稻齐穗后25天排水，土壤含水量最为适宜；齐穗后15天排水，头季稻成熟期土壤偏干不利于产量的形成，而齐穗后33天（收获期）排水则田间太湿，不利于头季稻的收获及产量提高。头季稻齐穗后25天排水，头季稻实粒数最多，产量最高。头季稻排水时间还与再生芽和再生稻产量关系密切。齐穗后15天排水的芽最短，到头季稻收获时不到10厘米，其他处理都在15厘米左右。其中，倒2、倒3、倒4芽明显短于其他排水期和对照，而倒5芽则相反。这表明头季稻土壤含水量低，对倒 2、倒 3、倒 4 芽的生长有明显抑制作用，长期关水对倒 5 芽的生长不利；再生苗的成穗率、活芽利用率、穗茎比及株高等性状均随排水时间的延迟而变优，再生稻穗粒数增加，产量提高。

（3）病虫草害防治

①草害防治 在机插前 1 周结合整地施除草剂，一次性封闭灭草，施药后保水 3～4 天。机插后 1 周左右，根据杂草种类结合施肥施除草剂（对小苗安全的除草剂），如苄嘧·苯噻酰草胺、丁·苄、二氯·苄，施药时水层保持 3～5 厘米，保水 5～7 天；机插后 2 周根据草相变化情况排水后进行除草，一天后复水，保持水层 3～5 厘米。

②病虫害防治 根据病虫测报，对症下药，控制病虫害发生。提倡高效、低毒和精准施药，减少污染。采用车载式、担架式及喷杆式植保机械装备。有条件的水稻产区建议飞机航化防治稻瘟病等病虫害，辅以大型喷杆式植保机械。

5. 头季稻适时收获

（1）收获时间 当头季稻多数稻穗变黄，籼稻 90% 以上籽粒转黄时即可进行机械收获，禁止割青。根据不同地块选择合适的收获机械，选择晴好天气及时收割。联合收获应在露水基本消失后作业。

（2）留桩高度 头季稻留桩高度在 15～40 厘米，留桩高度越高再生稻越早抽穗成熟，反之，就会延长生育期，推迟成熟。留桩高度最高的 40 厘米处理与最低的 15 厘米处理相比，齐穗期提前 13 天，成熟期提前 14 天。再生稻有效穗随着留桩高度的增高而增多，留桩高度 35 厘米以上有效穗数基本稳定在 19 万 / 亩。留低桩的平均每穗总粒数高，各处理的结实率差异不大，实粒数则是低桩处理高于高桩处理。千粒重的低桩处理由于其成熟度不够而偏低。每亩有效穗数、每穗实粒数、千粒重三个要素综合作用效果：头季稻留桩高度 35 厘米产量最高，30～40 厘米范围内产量无显著差异。留高桩不仅能促进再生稻高产，而且对于头季稻迟播迟割的田，对保障再生稻安全齐穗具有重要意义。留桩高度与成熟期有密切的联系，合理的留桩高度是机收低留桩再生稻能否取得成功和高产的关键技术之一。有专家研究认为早熟品种宜采用 10～15 厘米的留桩高度，中熟品种采用 15～20 厘米的留桩高度，这样既能保留部分母茎腋芽，又能利用基部分蘖芽，使群体有效穗数、穗粒数、生育期处于较佳范围，产量最高。留桩高度每降低 10 厘米，再生稻齐穗期延长 3～5 天，在同一留桩高度下，机割碾压区较非碾压区再生稻生育期延长 7～20 天。因此，留桩高度的确定应以确保再生稻安全齐穗为原则。

6. 再生稻田间管理

（1）适时施肥　合理施肥是再生稻高产栽培技术的重要部分，尤其是氮肥。肥料施得早、施得足，是夺取再生稻高产的重要措施。再生稻获得高产，头季稻割前是根活、谷黄、秆青、叶绿、芽壮的长相标准。再生稻施肥分为割前施促芽肥与割后施发苗肥，割前施肥足，则萌发腋芽数量多而且壮，并且与仅在割后施肥相比，再生稻生长发育提前，可以早抽穗早成熟，对于再生稻安全齐穗有一定的作用。再生稻每亩的总肥料用量为 25～30 千克尿素，其中在头季稻收割前 7～10 天，施一次促芽肥，每亩施尿素 15～20 千克，以促进分化芽的生长；收割后 3～4 天，要及时清除杂草，扶正稻桩，每亩施尿素 5～10 千克，以促进再生蘖迅速萌发，确保每亩再生稻有足够的穗数。在幼穗分化前后，还应酌施一次速效肥，以提高成穗率和增加每穗粒数。具体田块的氮肥用量与头季稻后期穗粒肥的用量及气候条件有关。头季稻穗粒肥足，再生稻肥料可以适当少施，促芽肥和发苗肥总量为 25 千克尿素；如果头季稻后期穗粒肥用得少，那么在施促芽肥的时候叶色已经退黄，再生稻的肥料则要增加，每亩氮肥用量以 30 千克尿素为好；如果头季稻后期已经很缺肥，那要在头季稻齐穗后半个月先施 5～10 千克尿素以恢复水稻正常长势，然后再施促芽肥和发苗肥，即 25～30 千克尿素。

（2）**合理灌溉**　头季稻收获后的前 10 天是再生蘖生长时期，应保持田间湿润，此期田间干燥和积水都会影响稻桩的发芽力。收割后 24～30 天，再生稻进入抽穗扬花期，田间应保持浅水。灌浆期间，田面保持干干湿湿，以利养根保叶，籽粒充实饱满，增加产量。

（3）**病虫害综合防治**　一般来说，再生稻叶短小，田间通风透光条件好；头季稻病虫害防治到位，可以不用防治；头季稻 8 月 20 日之前收割，割得较早的田块最好全面普治一次；迟割的田块虫子进入羽化期，切断二代二化螟生存繁殖场所，三代危害程度就相对较低，可以不用防治。若还有虫害发生，则应及早进行防治，具体为：8 月份看田间虫源情况，若虫源较多，则要进行一次药剂防治、一次稻虱及螟虫；9 月中旬主要看二代二化螟防治后的残留量与当年稻虱的迁入量来确定是否防治，感稻瘟病品种在破口前后要做好稻瘟病的防治。

7. 再生稻适时收割　再生稻抽穗不整齐，则成熟时间不一致。一般要在头季稻收割后 60～70 天、再生稻九成黄后才收割，否则，青籽太多会影响再生稻产量。再生稻株高不均，有的成熟早还弯下来，再生稻收割时稻桩尽量留低，将所有再生稻收获归仓。

（四）适用范围

南方稻区纬度和海拔不同，热量条件也不同，加之中稻品种熟期有早、中、迟之分，再生稻技术适应范围应综合考虑所在地区的热量条件和所选用品种的熟期，如中籼迟熟种，≥ 10℃积温要达到 5 150～5 300℃。华南再生稻区包括广东省、广西壮族自治区和海南省；华东南再生稻区包括福建省、江西省和浙江省；华中再生稻区包括湖南省和湖北省；华东再生稻区包括安徽省和江苏省；西南再生稻区包括四川省、贵州省、云南省和重庆市，海拔在 300 米以下的地区。再生稻次适宜区是指中稻利用迟熟种，中稻收割后蓄留再生稻的季节较紧，产量稳定性较差的地区。

（五）注意事项

1. 再生稻经济高效施肥技术 再生稻需要施两次肥，一次是中稻抽穗开花后7～10天施用促芽肥，另一次是中稻收割后需要施用的发苗肥，其施用量是根据试验结果和当时对水稻生长的直观判断而确定的，其施用量不一定是经济高产施用量。

2. 再生稻适宜品种 各地选用品种时，一定要先作引种观察试验，选择适合当地的优良品种。再生稻次适宜区为充分利用好秋季温光水资源，提高单位面积水稻产量，要在中稻收割后蓄留再生稻。此类区域要保证再生稻稳产高产，一是要做好再生稻次适宜区的合理布局，充分分析温、光、水等条件，中稻收割后距再生稻安全抽穗的时间等，凡温度和生长时间不能满足中熟偏迟品种的地区不能列入蓄留再生稻区。选用中熟偏迟的高产品种，既有利于中稻高产，又为再生稻留出了时间，保证再生稻安全抽穗开花。

第三章

稻田土壤施肥与培肥

一、科学施肥

（一）需肥规律

水稻需求量较大且必须通过施肥来补充的主要是氮、磷、钾三要素。氮素有利于水稻的生长发育；磷素可促进根系发育和养分吸收，增强分蘖势，增加淀粉合成，有利于籽粒充实；钾素可促进淀粉、纤维素的合成，充足的钾素有利于提高根系活力、延缓叶片衰老，同时能增强水稻抗逆能力。除上述要素外，水稻对硅的需求强烈，吸硅量约为氮、磷、钾吸收总量的两倍，硅可增强作物茎秆的机械强度，提高其抗倒伏、抗病能力。此外，中量元素钙、镁、硫等均具有增强稻株抗逆性，改善植株抗病能力，促进水稻生长的作用；微量元素（如锌、硼等）能改善水稻根部氧的供应情况，增强稻株的抗逆性，提高植株抗病能力，促进后期根系发育，延长叶片功能期，有利于提高水稻成穗率，促进穗大、粒多、粒重。水稻生长发育所需的各类营养元素不能相互替代。

据各地对水稻收获物成分分析的结果，每生产100千克稻谷，需从土壤中吸收氮1.6～2.5千克、磷0.6～1.3千克、钾1.4～3.8千克，其比例为1∶0.5∶1.3。不同栽培地区品种类型、土壤肥力、施肥和产量水平等不同，水稻对氮、磷、钾的吸收量也会发生一些变化。例如，粳稻 500、600 和 700～750 千克 / 亩产量水平下，100 千克产量需氮量分别为 1.85 千克、2 千克和 2.1 千克。通常杂交稻对钾的需求量高于常规稻 10% 左右，粳稻较籼稻需氮量多而需钾量少。

水稻不同的生育阶段对营养元素的吸收存在明显差异。一般规律为：①返青分蘖期，养分吸收数量较少。这一时期氮素的吸收量约占整个生育期的 30%，磷的吸收量为 16%～18%，钾的吸收量约为 20%。②拔节孕穗期，水稻幼穗分化至抽穗期是水稻整个生育期内养分吸收数量最多和强度最大的时期。此时期的氮、磷、钾等养分吸收百分率几乎占水稻全生育期养分吸收总量的一半左右。③灌浆结实期，水稻抽穗至成熟期养分的吸收不断减少，氮的吸收量为整个生育期的 16%～19%，磷的吸收量为 24%～36%，钾的吸收量为 16%～27%。早稻在分蘖期的吸收率要比晚稻高，所以早稻生产上要强调重施基肥、早施分蘖肥；一般晚稻在后期养分吸收率高于早稻，生产上常采取合理施用穗肥和酌情施用粒肥的措施来满足晚稻后期对养分的需求。

对于生育期短的品种（如早稻），大多采用“攻前保后”施肥法，即重施基肥，基肥施用量占总施肥量的 80% 以上，并早施、重施分蘖肥，酌情施用穗肥，达到“前期轰得起，中期稳得住，后期健而壮”的要求，主攻穗数，顺带争取增加粒数和千粒重。对中稻常采用“前促中控”的施肥法，即重施基肥，基肥施用量一般占总施肥量的 70%～80%，并重视施分蘖肥和穗肥，在分蘖末期、穗分化始期控制施肥，即“攻头、保尾、控中间”，这种施肥方法要保证穗、粒并重，既要争取穗头多，又要增加粒数。对晚稻常采用“前保中促”的施肥法，即适量施用基肥和分蘖肥。合理施穗肥，酌情施粒肥，即“前轻、中重、后补足”，达到“早生稳长、前期不疯、后期不衰”的要求。

（二）施肥原则

1. 增施有机肥 当前的水稻生产上，对合理施用化肥、增施有机肥料、用地养地、培肥土壤及防止地力衰退的认识不足，普遍存在着重化肥轻有机肥、重眼前短期利益忽视可持续效益的现象，使土壤结构和循环系统遭到不同程度的破坏，有机质含量逐年降低，氮、磷、钾等养分丰缺失衡，耕地质量下降，严重威胁到稻田可持续发展。稻田增施有机肥对提高稻田的综合肥力，优化稻田环境，提高稻米产量和改善稻米品质都具有十分重要的作用。增施有机肥的功能具体表现在：①全面持久提供土壤养分。②提高土壤保肥保水能力。③改善土壤通透性。

常用于水稻生产的有机肥来源主要有堆肥、沤肥、厩肥、绿肥、作物秸秆、饼肥和商品肥料。堆肥是以各类秸秆、落叶等主要原料并与人、畜粪便及少量泥土混合堆制，经好气性微生物分解而成的一类有机肥料。沤肥是在淹水条件下经微生物厌氧发酵而成的一类有机肥料，所用物料与堆肥基本相同。厩肥是以牛、羊、猪、鸡等畜禽的粪尿为主，与秸秆等垫料堆积并经微生物作用而成的一类有机肥料。绿肥是以新鲜植物体就地翻压、异地施用或轻沤、堆积后而成的肥料。作物秸秆（稻草等）可以直接还田。饼肥是以各种油分较多的种子经压榨去油后的残渣制成的肥料。商品肥料包括商品有机肥、腐殖酸类肥和有机复合肥等。要使稻田土壤有机质得到补充，实现水稻的优质高产，一般稻田每年至少要施用2 000千克/亩的有机肥料，通过多种途径增加有机肥的施用量，改变目前许多地区依赖化肥的习惯。

2. 平衡配方施肥 平衡配方施肥是以土壤测试和肥料田间试验为基础，根据水稻需肥规律、土壤供肥性能和肥料利用效率，在合理施用有机肥料的基础上，提出的氮、磷、钾三要素和中量、微量元素等肥料的适宜用量、施用时期以及相应的施肥方法。它的核心是调节和解决水稻需肥与土壤供肥之间的矛盾，同时有针对性地补充水稻所需的营养元素，做到缺什么补什么，需要多少补多少，实现各种养分平衡供应，满足作物的需要。

优质水稻生产的平衡配方施肥，要求以土定产、以产定肥、因缺补缺，做到有机、无机相结合，氮、磷、钾和微肥等各种营养元素配合，能在不同生育时期协调和平衡供应养分，在养分满足水稻优质高产需求的同时，还能最大限度地减少浪费和环境污染。

平衡配方施肥的基本方法：一是测土，二是配方。测土是平衡施肥的基础，是通过在田间采取具有代表性的土壤样品，利用化学分析手段，对土壤中主要养分含量进行分析测定，及时掌握土壤肥力动态变化情况和土壤有效养分状况，从而较准确地掌握土壤的供肥能力，为平衡施肥提供科学依据。配方是平衡施肥的关键，在测土的基础上，根据土壤类型、供肥性能和肥料效应，以及气候特点、栽培习惯、生产水平等情况确定目标产量，制定合理的平衡施肥方案，提出氮、磷、钾等各种肥料的最佳施用量、施用时期和施用方法等。实现有机肥与化肥、氮肥与磷钾肥、大量元素与中量、微量元素肥料的平衡施用。

（三）施肥量的确定

水稻施肥量的确定需要考虑以下几个方面的因素：一是水稻要达到一定的产量水平后必须从土壤中吸收的某种养分的数量；二是土壤供应养分的能力；三是肥料中某种养分的有效含量；四是肥料施入土壤后的利用率。目前，水稻施肥量的确定方法大致有地力分区（级）配方法、田间试验法和目标产量配方法 3 类。

在优质水稻高产栽培中，目标产量配方法是被普遍采用的一种方法，以实现水稻与土壤之间养分供求平衡为原则，根据水稻需肥量与土壤供肥量之差，求得计划产量所需肥料量，又称为养分平衡法。目标产量配方法的计算公式是：

$$\text{某种养分的施肥量}=\frac{\text{水稻目标产量需肥量}-\text{土壤供肥量}}{\text{肥料养分含量}\times\text{肥料利用率}}$$

目标产量配方法涉及目标产量、作物需肥量、土壤供肥量、肥料利用率和肥料中有效养分含量5大参数。但在生产实际中，求取目标产量需肥量、土壤供肥量和肥料利用率3个参数是十分复杂且困难的。我国水稻当季化肥的利用率大致范围为：氮肥35%～40%，磷肥15%～20%。钾肥40%～50%。目前，水稻施用量的推荐方案如下。

1. 氮肥施用量　水稻亩产600千克左右，施用化学氮肥的用量要控制在12～16千克/亩以内；亩产650千克以上的氮肥用量控制在14～18千克/亩；对稻草全量还田的稻田，前期可适当增施速效氮肥，调节碳氮比至20～25∶1；畜禽规模养殖地区有机肥资源充裕的区域，要根据有机肥的施用情况酌情降低化学氮肥用量。

2. 磷钾肥施用量　施用磷肥量要控制在3.5～5千克/亩以内，土壤速效磷较高、施磷量较高的地区，施磷量可减少0.5～1千克/亩；施钾肥量一般为5～10千克/亩。通常磷钾肥一次性作基肥施用（钾肥在严重缺钾地区可分基肥与穗肥各半施用）。磷钾肥的基肥配比应根据当地土壤肥力情况合理调整，原则上以中、低浓度的磷钾配方肥料为主。其中，高肥力土壤以低磷低钾配方为主，中等肥力土壤以低磷中钾配方为主，低肥力土壤以中磷中钾配方为主，严重缺钾地区以中磷高钾配方为主。

（四）施肥时期和方法

1. 基肥的施用　水稻栽插前施用的肥料称为基肥，通常也称底肥。基肥可以源源不断地供应水稻各生育时期，尤其是生育前期对养分的需要。基肥的施用要强调“以有机肥为主，有机肥和无机肥相结合，氮、磷、钾配合”的原则。基肥占总施肥量的比重可以在40%～60%范围变动。通常氮肥中30%～40%作基肥施用，基肥、蘖肥与穗肥中氮肥比例为（60%～65%）∶（35%～40%），土壤肥力高的高产田块可调整为50%∶50%。有机肥、磷肥全部作基肥时，钾肥通常也一次性作基肥施用（但严重缺钾地区基肥中施用 50%，余下作穗肥追施）。在正常栽培情况下，基肥用量也不宜过多。因为基肥过多时，养分在短期内无法被秧苗利用，所以会随稻田灌排和渗漏而流失，不仅降低肥料利用率，还会导致肥害僵苗。

2. 分蘖肥的施用　分蘖肥是秧苗返青后追施的肥料，其作用是促进分蘖的发生，一般应在返青后及时施用，以速效氮肥为主，可促使稻分蘖早生快发，为足穗、大穗打下基础。但肥料施用不宜过早，因为水稻栽插后有一个植伤期，根系吸收能力弱，肥效不能发挥，同时还会对根系的发育产生抑制作用，反而会推迟分蘖的发生。一般土壤肥力高、基肥足、稻苗长势旺的可适当少施；反之则应适当多施。有效分蘖期短的，一般在施基肥的基础上，返青后一次性施尿素 10～15 千克 / 亩。

3. 穗肥的施用　在幼穗分化开始时施用，其作用主要是促进稻穗枝梗和颖花分化，增加每穗颖花数，又称为促花肥。通常在叶龄余数 3.5 叶左右施用，一般施尿素 9～15 千克 / 亩。具体施用时间和用量要因苗情而定，如果叶色较深，那么可推迟并减少施肥量；反之，如果叶色明显较淡，那么可提前 3～5 天施用，并适当增加用量。

开始孕穗时施的穗肥，其作用主要是减少颖花的退化，提高结实率，又称为保花肥。通常在叶龄余数 1.5～2.0 叶时施用，一般施尿素 4～7 千克 / 亩。对于叶色浅、群体生长量小的可多施，对叶色较深的则少施或不施。

二、秧田施肥

秧田合理施肥是培育壮秧的关键措施之一。由于早、中、晚稻生育特点和所处的自然条件不同，所以其育秧技术也有所不同，但各类水稻秧苗对“壮健清秀”的要求则是一致的。要达到这个标准，掌握秧田施肥技术是一个重要的环节。

（一）早稻和中稻

双季早稻秧龄为 28～30 天，中稻秧龄一般为 20～25 天。因为早、中稻秧龄期短，要求秧苗生长快而壮，但育秧季节正值气温低、土壤中养分释放和肥料分解慢的时候，所以应重施优质速效的肥料，如可以用草木灰和易于分解的幼嫩绿肥等有机肥作为秧田基肥。

水稻秧田阶段需要的养分以氮素最多，其次为磷、钾等养分。因此，单纯靠有机肥料不能在数量和时间上及时满足秧苗的生长要求，必须适时、适量地施用氮、磷、钾肥。氮肥一般只作追肥施用。但近年来的研究和实践证明，在有机肥数量不足的情况下，施用一定量的氮肥作基肥效果很好，可以达到以肥肥土、以土肥苗的作用，可使秧苗生长健壮且整齐。早、中稻秧田应根据种苗长势进行追肥。第一次追施“断奶肥”在播种后 25 天左右，即秧苗 2 叶 1 心或 3 叶 1 心期，施尿素 2.5 千克 / 亩或硫酸铵 5 千克 / 亩左右；第二次为“送嫁肥”，早稻在栽前 2～3 天施碳酸氢铵 17.5 千克 / 亩左右，可使秧苗发根好，便于拔秧移栽。

在秧田期，磷的吸收总量虽然较少，但对新根的发育有极其重要的作用，特别是在早、中稻育秧季节，由于秧田淹水期短，气温低，土壤中有效磷含量少，增施速效磷肥对培育壮秧十分有效。一般施用过磷酸钙 25～50 千克 / 亩，作基肥最好。

钾是秧苗阶段需要较多的养分之一。在秧田施钾能促进根系发育，改善秧苗质量，促使移植后早日恢复生长。早、中稻育秧期间，气温低、阴雨、光照不足的天气多，所以增施钾肥尤为重要。科研和生产实践已经证明，施用钾肥能大大地减少烂秧，增加壮秧，从而提高产量。早、中稻秧田一般施用草木灰作秧田基肥，用量为 70～100 千克 / 亩。因灰肥除可直接供给秧田所需的钾素及其他养分外，还有吸热、保湿、防鸟害和使土壤疏松、秧苗易拔等优点。

钾对早、中稻育秧具有特别重要的作用，单纯靠有机肥料和草木灰的钾素已远远不能满足需求，必须增施化学钾肥。据广东、湖南、江西等省的研究，施用化学钾肥对秧苗素质有显著影响并能提高产量。据广东省的研究，施钾的株高增加 6 厘米，假茎粗增加 1.8 厘米，每株根数增加 9.1 条，根长增加 5.2 厘米，每百株植株干重增加 6.5 克。

在紫泥田上施用 1 千克 / 亩硫酸锌作秧田面肥施用试验，其稻谷增产率达 7%～9%。

（二）晚　稻

无论是连作晚稻还是一季晚稻，秧田的施肥技术与早、中稻都有显著不同。因为它们育秧时的气温和泥温都比较高，土壤中的养分释放和肥料分解均比较快，一般 20 天左右。

根据上述特点，育秧的要求是既需要秧苗粗壮，又必须避免秧苗生长过旺而出现徒长秧和拔节秧的现象。因此，晚稻秧田宜用肥效和缓而持久的有机肥料，如塘泥、猪粪尿等作基肥。适当施用磷肥，数量可比早、中稻秧田少。必须注意的是，不用或少用化学氮肥作基肥可利于控制秧苗生长。氮肥作追肥时必须看苗施用。“起身肥”对晚稻育秧来说是非常重要的，一般认为，应在移栽前 4～5 天追施尿素 2.5 千克 / 亩或硫酸铵 5 千克 / 亩，以促进移植后新根的良好发育和秧苗的返青。

钾对晚稻育秧非常重要，施钾不但能增强钾素营养，而且可防治秧苗的胡麻叶斑、褐斑病等病害。晚稻秧田以施氯化钾 8 千克 / 亩左右作面肥为宜。

（三）杂交水稻

杂交早、中、晚稻育秧技术一般与常规早、中、晚稻相似。但杂交水稻秧田播种量远较常规稻少，并要求秧苗在秧田多分蘖、长壮蘖，所以施肥量一般较常规稻秧田大。氮、磷、钾等元素要合理配合，特别注意增施钾肥。据中国水稻研究所的试验，钾素对杂交水稻秧苗的生长和活力有良好影响。如对发根力、根的干重、植株碳氮比、稻谷产量等的促进均比不施钾的高。稻田以施用 10～15 千克 / 亩氯化钾作追肥施用为宜。

三、本田施肥

水稻移栽到本田后，施肥是重要的栽培措施。研究结果表明：水稻一生所需的肥料中，90% 以上是从本田吸收的，所以水稻本田施肥极为重要。

（一）早 稻

早稻的产量主要决定因素是其有效穗数。一般双季早稻在移栽后 15～20 天达到分蘖高峰，三熟制早稻在移栽后 14 天达到分蘖高峰。针对水稻这个特点，应对其施足基肥、早施追肥，即把全部的农家肥、磷肥、钾肥和 80% 的化学氮肥作为基肥全部施入。具体做法：在移栽前 7～10 天结合本田的耕耙整地进行，施入猪粪 1 000～1 500 千克 / 亩，或厩肥 1 500～2 000 千克 / 亩，过磷酸钙或钙镁磷肥 25～30 千克 / 亩、氯化钾 10～15 千克 / 亩、尿素 13～17 千克 / 亩。有些稻农在施基肥以后、移栽以前，将少量氮素化肥施于耙平整好的田面，再在缺锌的地块均匀施入 1 千克 / 亩硫酸锌。面肥用量不宜过多，一般施氮素 1.5～2.5 千克 / 亩，或硫酸铵 7.5～12.5 千克 / 亩，或尿素 3.3～5.4 千克 / 亩。

分蘖肥在移栽后 5～7 天施入，一般氮肥 1.5～2.5 千克 / 亩。穗肥需看苗施用，大部分地区不施穗肥。对于生育期较长的早稻品种或者是高肥力的稻田，不少地方采用“前稳攻中”的施肥方法，即在插足基本苗的前提下，前期求稳，不求分集多，依靠基本苗保证足够穗数；通过“攻中”达到粒多、饱满，实现高产。

其肥料比例为前期30%、中期50%、后期20%。各地应根据土壤、水稻品种、气候、灌溉和肥料等条件因地制宜采用。

（二）中稻和单季晚稻

中稻和单季晚稻生育期较长，一般在本田生长90～120天，它们在整个生育期间，前期气温比早稻高，后期气温比双季晚稻高。这两种类型的吸肥过程都有两个明显的高峰期：第一个出现在分蘖期，第二个出现在幼穗分化期，并且后期吸肥高峰比前一期高，这表明中稻和单季晚稻的穗肥对其生育更重要。据云南省农业科学院的中稻试验，在施用厩肥1 000千克/亩的基础上，分蘖期追施硫酸铵12.5千克/亩，过磷酸钙12.5千克/亩，氯化钾4千克/亩；幼穗分化期追施硫酸铵2.5千克/亩，过磷酸钙2.5千克/亩，氯化钾1千克/亩，称为“前重后轻”法。在分蘖期追施硫酸铵2.5千克/亩，过磷酸钙2.5千克/亩，氯化钾1千克/亩；幼穗分化期追施硫酸铵12.5千克/亩，过磷酸钙12.5千克/亩，氯化钾4千克/亩，称为“前轻后重”法。

以化肥为主体的施肥方法：移栽前7～10天，施用少量农家肥和全部的磷钾肥（缺磷钾的土壤）和总氮素（一般基肥都用尿素）的2/3做基肥深施。移栽后7天左右用适量的除草剂加少量氮肥一起施入，幼穗分化前5～7天再施用相当于总量1/3的氮肥，直到收获不再施肥。

（三）双季晚稻

双季晚稻的营养生长和生殖生长与早稻一样，也是属于重叠型。但因为双季晚稻大部分是粳稻型品种，生育期长，吸肥高峰期不如早稻明显，高峰出现的时间较早稻迟，下降过程也较平缓；但其后期吸肥量比早稻要多，因此，对双季晚稻要注意后期追肥。后期追肥是促根保叶，增加粒重的有效措施。在我国南方高温地区，如福建、广东等地的增产效果尤为明显。但在长江中下游地区，后期追肥要谨慎，因为这些地区后期气温下降较快，过多的肥料会导致水稻贪青，推迟抽穗，出现翘穗头等情况而减产。根据以上特点，在双季晚稻施肥中，一般采用施足基肥，适量早施追肥，看苗施用后期肥料的原则，可以获得较好的增产效果。

（四）杂交水稻

杂交水稻在生理上具有杂交优势，表现为根系发达，生长势强，叶面积大，光合效率高，能发育成穗大粒多的稻株。目前，种植杂交水稻地区的一般施肥原则是“前期重，中间控，后期促”，即基肥和分蘖期追肥要重，以便在秧苗栽插密度较稀的情况下增强其分蘖势，缩短分蘖期，快速达到需要的苗数；而后适当控制，以抑制无效分蘖，使较多养分流入幼穗，保证穗的正常发育。至抽穗前后则需要补充营养，使根系保持较高活力，延长叶片功能时间，使较大的穗能有较高的成熟率和千粒重。整个施肥量要比常规稻多30%，钾肥和农家肥的比重应比常规稻多。同时，要重视中期控肥和后期补肥，中期苗数达到要求即行晒田，不使其生长过旺，复水后又要注意补肥，保证杂交水稻后期具有较强的光合优势。

四、秸秆的利用

秸秆还田的方式主要有堆沤还田（堆肥、沤肥、沼气肥等）、过腹还田（牛、马、猪等牲畜粪尿）、焚烧还田、直接还田（翻压还田、覆盖还田）4种方式。随着水稻全程机械化发展，水稻秸秆直接还田比例逐年加大，此举不仅能减少秸秆焚烧所带来的环境污染，提高秸秆资源的利用率，而且能改善土壤团粒结构、增加土壤有机质含量、培肥地力。

（一）机械化水稻秸秆还田技术

1. 技术关键 机械化水稻秸秆粉碎还田要使用联合收割机茎秆切碎装置，在收割的同时将水稻秸秆就地粉碎切成6～8厘米小段并均匀抛撒在地表，随后采用拖拉机耕翻，将其压入15～20厘米的地下，压严，确保秸秆全部压入土中。

机械化水稻秸秆整秆还田技术是将水稻秸秆不经粉碎直接耕翻埋入土壤或覆盖地面，并在灌水软化土壤和施肥后用水田埋草机、埋草驱动耙或旋耕埋草机在水田中纵横作业两遍。南方地区气温高、水量足，不影响秸秆腐烂分解，多采用整秆还田。

水稻高茬还田是在收割时留高茬，一般收割高度为株高的一半左右，只要不丢穗尽量高留茬，随后把高茬旋埋入土。其优点是不破坏畦埂，又能完成耕地碎土、平地和压秸秆作业，方法简单，旋地埋茬效果好。

大量秸秆翻埋入土后，土壤微生物的活动和繁殖大大加强，出于其自身生长、繁殖的需要，它们会从土壤中吸收一部分无机氮。因此，苗期应增加氮肥用量，后期随着秸秆分解强度的减弱，原本被固定的氮素会慢慢释放出来，在作物生长中后期应减少氮肥用量。在水稻秸秆还田的同时，要施入氮肥总量的80%和全部磷肥用作底肥，以平衡养分，调解碳氮比，加速秸秆腐烂分解速度，提高肥效与还田效果。氮肥前期增加、后期减少的幅度应根据不同地区、不同土壤条件类型、不同还草量作适当变化。

播种前合理施用底肥，做到有机肥与无机肥相结合，氮、磷、钾与中量、微量元素配合。秸秆还田的同时合理混用厩肥，两者在养分上能形成互补，增产效果更加显著，鲜秸秆与厩肥的比例通常为1∶1。

气温低的地区对水稻秸秆快速腐解不利，所以在秸秆还田时常配合施用秸秆快腐剂，以加快当季秸秆的分解，特别是对初次实施秸秆还田及土壤肥力水平较低的田块，效果尤为明显，同时也有利于提高土壤自身分解秸秆的能力。

2. 不同稻区秸秆还田技术

（1）南方单季稻秸秆机械还田技术

①收获及秸秆处理　联合收割机安装粉碎装置，在水稻成熟后，利用联合收割机进行水稻收割和秸秆粉碎。

②耕作整地　利用旋耕机将稻草全部耕翻入土还田。

第一，施肥技术。秸秆还田后在施肥量和比例上应当与当地土壤条件相结合。一是增施氮肥。氮肥的施用是秸秆还田施肥技术的核心。水稻秸秆全部还田量大，而秸秆本身的碳氮比为50∶1左右，腐解所需的比例为25∶1左右，因此生产上要补施一定量的氮肥。一般还田300千克/亩秸秆时，基肥需施尿素10千克左右，返青后立即施用分蘖肥，以尿素为主约15千克。这是由于移栽后至水稻有效分蘖临界期是水稻有效分蘖高峰和需氮高峰时期，也是秸秆分解需固定有效氮时段，所以蘖肥施入量比常规施入量增加，以满足秸秆分解和水稻分蘖所需氮肥。注意避免蘖肥晚施致使肥效延后，与秸秆分解养分释放时期重叠，造成无效分蘖增多。二是增施生物有机肥。试验表明，增施生物有机肥100千克/亩以上，15天左右秸秆腐解发黑，能有效促进秸秆腐解。在黄红壤稻区注意配合施用石灰25～45千克/亩和钙镁磷肥50千克/亩；灰岩岩溶地区稻田增施50千克/亩过磷酸钙，需水淹没，第二年种植水稻。

第二，浅水旋耕。机械旋耕时，一是要适度控制田间水层，若水层太浅或无水层，则容易出现刀滚拖板黏泥及机具作业负荷过大等现象；水层过深时，草与泥容易分离，秸秆漂浮，埋草效果差，埋茬率降低，对人工插秧和机插秧都会带来不便。因此，作业前应把水层控制在3～4厘米，浸泡3～4小时，做到浅水旋耕。二是采用两次作业的方法：第一次机具前进速度宜慢，旋耕深度在20厘米以上；第二次速度可稍快，旋耕深度在25厘米以上，确保80%以上的草能埋入土中。

第三，控水调气。稻草在腐烂发酵过程中产生有毒物质抑制稻苗根系的生长，是造成水稻僵苗的根本原因。浅水勤灌、间歇灌溉、适时晒田能增氧壮根，促进根系发育。稻苗栽后5天以上，基本都能扎根成活，10天左右明显恢复生长。若秸秆发酵过程中长期泡水，秸秆腐解产生的有毒物质不能及时排出，大量集中在根层土壤中，则稻苗生长会明显受抑，应该及时脱水通气，促进根系生长。因此，进行秸秆还田的水稻田在水浆管理时必须采用干湿交替的模式，即泡水1～2天，通气2～3天，切忌深水长沤而导致根部通气不畅。

（2）北方水稻秸秆粉碎直接还田技术 水稻机械收割时（土壤含水量为25%～30%）将粉碎（或铡碎）成5～10厘米长的稻草段均匀地抛撒于田面，翻入15厘米土层中，然后进行耙地。稻草还田量以200～300千克/亩为宜。

①配合施化肥，重施基肥 北方寒地稻作区，在水稻生育前期（插秧至分蘖初期）气温低，土壤有效养分释放缓慢，远不能满足水稻生育前期对养分的需求，所以应重视基肥。基肥用量：氮肥和钾肥为全年用量的60%，磷肥全量施入，于耙地前施入。

②适时晒田，促进土壤换气，增强根系活力 北方寒地稻作区，自6月中下旬开始，由于气温升高，土壤中的有机物在缺氧环境中开始分解，产生大量的如甲烷、硫化氢等有害气体，这类有害气体将严重损伤水稻根系，影响水稻根系的活力和生理机能。因此，要采取落水晒田及间断灌溉的水浆管理。即在7月上旬开始晒田，晒7～8天，促进土壤换气，释放土壤中的有害气体，增加土壤氧气含量，增强根系活力，做到以根养叶，提高水稻中后期的光合作用能力。

③严禁染病稻草还田 凡是在上一生产期染有白叶枯病、稻瘟病、纹枯病、菌核病的稻草，严禁还田，须集中焚烧，以免病原扩散蔓延。

④注意事项　一是土壤含水量，翻地的土壤含水量为 25%～30% 时，耙地的适宜含水量为 19%～23%。二是稻草混拌于耕层中的覆盖率大于 95%。三是翻前要增施肥，一般增施氮磷化肥 15～20 千克 / 亩，氮磷比为 3∶1。

（3）双季稻秸秆机械还田技术

①收获和秸秆处理　早稻采用机械收割，在距田面约 15 厘米处，稻株整秆收割脱粒，高留稻桩，稻草全部原位均匀撒铺，底肥与秸秆腐熟剂同时施后立即灌水泡田 5～7 天后，用旋耕机旋耕整田，插晚稻。晚稻人工收割的，留 40～50 厘米稻桩，灌浅水后施秸秆腐熟剂，将稻草整株用旋耕机翻压还田。翻压深度 15 厘米左右或在耕作层内均可。平均稻草还田量为 300～400 千克 / 亩。

②肥料及腐熟剂　在稻草还田的同时适量增施氮肥，施用尿素 5～7.5 千克 / 亩，调节碳氮比（加一定数量的腐熟剂效果更佳），加快秸秆腐烂。早稻用 45% 配方肥（25 千克 / 亩）作基肥，返青后追尿素 7.5 千克 / 亩，晚稻用肥看苗情（适当减少）。

③水分调节　稻草还田后，灌深水 10 厘米泡田，加快稻草腐解。抛秧或插秧时，田间留 2～3 厘米浅水，分蘖苗足量后排干水晒田。

④田间管理　在秸秆还田的时候，病虫害危害较严重的稻草不还田，同时清除田间的杂草，早、晚稻返青后参照常规除草方法防治杂草。在水稻不同生长时期，可能会发生不同的病虫危害，如叶蝉、稻飞虱、纹枯病、稻瘟病和二化螟、三化螟、稻飞虱、稻纵卷叶螟等，可选用常规药剂及时防治。

⑤配套技术　一是选用当地主推优良水稻品种；二是秧龄长的注意在 1 叶 1 心时，每 100 米^{2}用 30 克 15% 多效唑可湿性粉剂加水 15 升喷施一次；三是在水稻的营养生长期，应与测土配方施肥相结合，根据土壤肥力状况和产量目标，确定合理施肥量，并在高降雨量地区适当增施钾镁肥；四是稻草宜早还田，早

耕翻，稻桩宜偏低。一般在收割后把稻草撒铺均匀，并将其立即耕翻入土，让稻草尽可能接触泥土，并灌水没过稻草，确保秸秆还田质量。

（二）秸秆堆腐还田技术

1. 技术关键　秸秆堆腐还田技术是指将秸秆通过加入畜禽粪便、生物菌剂、化学催腐剂、化学肥料等腐熟物质后，人工堆积发酵成肥的一种还田技术模式，主要包括秸秆传统堆腐技术和秸秆快速堆腐技术两类。

2. 技术要点

（1）**水足**　秸秆一定要吃足水，水分含量控制在60%左右。

（2）**调节碳氮比**　加适量畜禽粪便或氮肥。

（3）**料匀**　加入的腐熟物质要均匀撒在秸秆中。

（4）**通风**　好氧微生物是在好气条件下进行发酵的，通气状况直接影响秸秆的发酵速度。所以堆垛时不能踩压，以利通风，堆好后最好使用掺有秸秆的泥封堆。堆内温度超过65℃时要采取翻堆、通风措施。

（5）**封严**　堆肥的四周及顶部要封严，防止水分蒸发和养分流失。

（6）**增温**　冬季或高寒地区秸秆堆肥时，要在堆上加盖塑料薄膜增温。

3. 技术类型

（1）秸秆夏季高温堆肥还田技术

①操作步骤　夏季高温多雨时期，选择一处距水源较近、运输方便的地方。堆肥体积大小视场地和材料多少而定。首先把地面捶实，然后于底部铺上一层干细土，再在上面铺一层未切碎的稻草作为通气床（厚约26厘米），之后加水调节秸秆水分（含水量约60%），一般以手握材料有液滴滴出为宜。在床上分层堆积秸秆，每层厚约20厘米，逐层浇入人粪尿（下少上多）。为保证

堆内通气，在堆积前按一定距离垂直插入木棍，使下面与地面接触，堆完后拔去木棍，余下的孔道作为通气孔。堆积结束后，在堆肥四周挖沟培土，防止粪液流失。最后用泥封堆 3～5 厘米。

②肥料及禽畜废弃物

方法一：秸秆、禽畜粪便和细土，其配比为 3∶2∶5，配料时加入 2%～5% 的钙镁磷肥混合堆沤，可减少磷素固定，使钙镁磷肥肥效明显提高。

方法二：先将 3%～5% 的过磷酸钙与土杂肥、牛粪混合，堆闷 10～15 天，再按 1∶2 的比例与秸秆混合堆制，不仅可促进微生物的活动和难溶性磷的转化，还可减少堆肥中氮素的损失，用这种方法积造的肥料，基施 2 米^3/亩，可不再施用磷肥和氮肥。

③注意事项　一般堆好后 2～8 天温度显著上升，堆体逐渐下陷。当堆内温度过高或过低时，应翻堆并重新用泥土封好。此法在一年四季均可应用，但成肥时间较长。

（2）高寒地区秸秆堆肥还田技术

①操作步骤　春节前后备好水稻秸秆 7 份、畜禽粪尿 3 份。3 月初把准备好的秸秆切碎或粉碎成 3 厘米左右的碎块，按体积比 3∶7 的比例将畜禽粪尿和粉碎好的秸秆充分混拌均匀，浇足水（材料含水量以 60%～70% 为宜，即手握材料成团，触之即散的状态为宜）。再把准备好的秸秆堆成一堆，选背风向阳之处点燃，把马粪用热水浇透（温度在 40℃以上），盖在点燃的碎柴上，然后把已混掺好的秸秆一层层盖在马粪上，堆成一圆堆，堆高不应低于 1.5 米，堆好后要注意管理，防止人畜践踏并观察堆温，把堆温控制在 50～60℃，最高温度不能超过 70℃。这样堆腐 7～10 天，温度达 60～65℃时便可以进行倒粪，然后每隔 7 天左右倒 1 次，共倒 3～4 次，35～45 天就可以发酵好。发好的秸秆肥具有黑、乱、臭的特点，有黑色汁液和氨臭味，湿时柔软有弹性，干时很脆易破碎。

②注意事项　如果 3 月底或 4 月初造秸秆肥，那么为了在种

地前将肥发酵腐熟好，应加大“暖心”力度，即堆顶用塑料薄膜覆盖与适当添加人粪尿和畜禽粪的办法促使秸秆尽快发酵；堆温控制在50～60℃，最高温度不能超过70℃，因为此温度范围有利于微生物的活动，加快秸秆的分解速度的同时又可杀死病菌、虫卵，减少氨的挥发。

（3）稻草快速腐解还田技术

①操作步骤　前季作物收获有两种收获形式：一种是机械留高茬收割，尾草掉于田中，100%稻草还田。另一种是低茬收割，即齐泥割禾，脱粒后稻草也全量还田。将计划施用的有机肥和无机肥施于田面；秸秆腐熟剂产品按推荐使用量均匀撒于田间，施用时田面有水层2～3厘米；施用腐熟剂后，农田静置1天即可进行抛秧；为了减轻劳动强度，一般采用软盘育秧的方法，秧苗移动起来快速轻巧。在大范围高抛秧的基础上进行局部补抛，尽可能做到秧苗抛撒均匀。对挂附于高茬上的秧苗，用竹竿将其挑落田中。抛秧时，田面应保持一定水层，留高茬稻田和稻草条状覆盖水层较浅（2～3厘米），稻草全田覆盖的稻田水层较深（5厘米左右），以水淹没稻草为标准，确保秧根与水接触；在抛秧后第4～7天完成追肥。

②配套技术　对于留高茬的稻田，可在腐熟剂施用后进行翻压还田。重视对杂草的处理，必要时进行中耕；前期实行浅水灌溉，中后期实行浅湿灌溉，防止田泥变硬；机械收割留高桩的稻田施用一次除草剂，以消除早稻稻桩的再生能力。

第四章

稻田水分管理技术

科学水分管理是水稻栽培中的重要环节。灌溉、排水是调节稻田水分状况的主要途径。只有掌握水稻各生育期稻田水分的适宜范围，才能据此实现水不足则灌，水过多即排。

一、水稻需水规律

水稻每亩需水量一般在700～1 500毫米，包括整地和育秧，大多数地区稻田日平均需水强度为5～12毫米。水稻孕穗开花期需水量最大，占总需水量的31.3%。我国不同地区控制灌溉的水稻需水量为238.1～617.1毫米，平均504.6毫米，浅湿灌溉水稻需水量为435.9～1 021.4毫米，各地平均为774.9毫米。调查显示，与传统的长期淹灌模式相比，浅湿晒田、间歇淹水和半旱栽培模式的灌溉用水量可降低8%～19%、13%～25%和30%～50%。北方水稻的需水量，由于地区气候条件的差异，变化较大。气温、日照时数、无霜期长短、栽培方式等均对需水量有影响。除吉林东部地区需水量较小，低于500毫米外，其他多为550～700毫米。北方稻各生育期阶段需水模系数如下：返青期占8.5%～13%；分蘖期占26.4%～37%；拔节期占15.2%～32.7%，抽穗开花期占9.8%～15%；乳熟期占13%～14%；黄熟期占5%～10%。北方稻田的日需水量过程线类似双峰型，从返青期开始日需水强度逐渐增加，到分蘖期达到一个小高峰，日需水量为 4.29～7.03 毫米，拔节期相对低些，需水强度为 4～6.97 毫米 / 天，抽穗开花期达到水稻需水的最高峰期，需水强度最高可达 9.12 毫米 / 天，乳熟期之后日需水量开始明显减少。

二、水稻各生长期的合理灌溉

（一）移 栽 期

浅插有利于水稻活棵、返青和低位分蘖，是水稻高产的一个重要环节。要达到浅插的目的，必须做足浅插的条件：①需要培育健壮矮化的秧苗，这样的秧苗在栽插时不易插深，若秧苗过大、过高，则只有深插才能栽稳，建议移栽的秧苗为 4 叶 1 心期或 5 叶 1 心期，尽量避免大苗移栽。②田平水浅，水浅也是检验田平的标准，如果田水过深，则只能看到水面，不能检验田是否平整，移栽大田的水层一般在 3～5 厘米。③清水浅栽秧，第一天整好的大田在第二天或第三天栽秧，这样水层里的悬浮物质充分沉降，不会因为悬浮物导致水稻深插。④浅插，移栽时要求栽插深度为 1～1.5 厘米。做好以上四项准备工作，秧苗才能实现浅插，使分蘖早生快发。

（二）活棵返青期

水稻移栽后就进入活棵返青期，此期稻田保持一定水层，对维持秧苗水分平衡，加速返青有良好效果。水层能为秧苗的成活提供稳定的温湿度，减少秧苗的蒸腾作用。水稻返青期若天气晴朗，蒸腾作用较强，则需要灌 4～5 厘米的水层护苗；若天气阴雨，蒸腾作用较弱，则秧苗对水分的需求不大，宜保持 2～3 厘米的浅水层。

（三）有效分蘖期

水稻返青后就进入分蘖期，分蘖期分为有效分蘖期和无效分蘖期。有效分蘖是指分蘖在拔节前能形成独立的根系，从土壤中吸取需要的养分。反之，则称为无效分蘖。有效分蘖期需要干湿交替灌溉，使土壤的水分状况维持在饱和与浅水层间，利于分蘖的发生。

（四）无效分蘖期

水稻进入无效分蘖期后需要撤水晒田，降低土壤的含水量，控制分蘖的发生。因此，在有效分蘖结束前一片叶片抽出时，就要注意尽量不灌水，在该叶长到半张叶片长时开始排水；进入无效分蘖发生期后，14 叶以下的水稻品种，晒田时间只有 5～7 天，期间不能灌水；15 叶以上的品种，晒田时间有 14～15 天，中间可根据土壤含水量的情况，在土壤过干时灌一次跑马水。

（五）幼穗分化期

幼穗分化期时水稻进入生殖生长阶段，光合作用和蒸腾作用较强，水稻需水量也最大，是水稻生理需水临界期，需水量一般占全生育期用水量的 30%～40%。若幼穗分化初期缺水受旱，则会抑制枝梗与颖花原基分化，使每穗着生颖花减少；若幼穗分化中期缺水受旱，则会使内外颖雌雄蕊发育不良，尤其是在花粉母细胞减数分裂期缺水受旱，会严重影响性器官发育，使不孕颖花和退化颖花大量增加。稻穗形成过程中，均要求稻田中有水层，建议保持 3～5 厘米的浅水层，以满足水稻稻穗的形成，确保高产。

（六）抽穗扬花期

水稻抽穗开花期对缺水的敏感度仅次于幼穗分化期，受旱时，重则水稻不能抽穗，轻则影响花粉和柱头的活力，增加空秕率。所以在这段时间，稻田需要保持浅水层。开花期间，稻田保持3～5厘米的浅水层，水稻的光合强度比湿润的高12.2%～35.2%。此期稻田保持水层可明显减轻高温危害。

（七）灌浆结实期

水稻灌浆结实期是籽粒充实、籽粒饱满度和米质形成的阶段，水稻产量和品质受水分影响较大。在整个水稻灌浆结实期，宜采用干湿交替灌溉，灌一次跑马水，落干后3～5天再灌一次，使土壤保持在水分饱和与浅水层之间。过早断水，叶片衰老速度增加，籽粒灌浆不充分，空秕率高，严重影响产量；断水过晚，影响水稻收割，尤其是机械收割的田块，断水更要早一些。

（八）成熟收获期

一般于收获前7～8天断水，若是机械收割，则应于收获前10天左右断水。

三、灌溉方式

（一）浅湿干灌溉

这是我国应用地域最广、时间较久的节水灌溉模式，如广西壮族自治区大面积推广的“薄、浅、湿、晒”灌溉，北方推广的浅湿灌溉等。北方地区所采用浅湿灌溉的田间50毫米浅水层；分蘖前期、拔节孕穗期、抽穗开花期浅湿交替，每次灌水30～50毫米，至田面无水层时再灌水；分蘖后期晒田；乳熟期浅、湿、干、晒交替，灌水后水层深为10～20毫米，至土壤含水率降到田间持水率的80%左右再灌水；黄熟期停水，自然落干。

（二）间歇灌溉

我国北方和南方的湖北、安徽、浙江等省成功地采用了这种模式。其水分控制方式：返青期保持20～60毫米水层，分蘖后期晒田（晒田方法如浅、湿、晒模式），黄熟落干，其余时间采取浅水层、干露（无水层）相间的灌溉方式。依据不同的土壤、地下水位、天气条件和禾苗长势、生育阶段，可分别采用重度间歇淹水和轻度间歇淹水的灌水方式。重度间歇淹水，一般每7～9天灌水一次，每次灌水50～70毫米，使田面形成20～40毫米水层。自然落干，一般是有水层4～5天，无水层3～4天，反复交替，灌前土壤含水率不低于田间持水率的85%；轻度间歇淹水，一般每4～6天灌水一次，每次灌水30～50毫米，使田面形成15～20毫米水层，有水层2～3天，无水层2～3天，灌前土壤含水率不低于田间持水率的90%，这种轻度间歇淹水方式接近于湿润灌溉。浙江省推广的薄露灌溉与轻度间歇淹水的模式类似。

（三）好气灌溉

实施“三水三湿一干”的水分管理，即“寸水插秧，寸水施肥除草治虫，寸水孕穗开花，湿润水分蘖，湿润水幼穗分化，湿润水灌浆结实，够苗排水干田控蘖”的水分管理方式，采用旱耕湿耙方法，大田水分管理要水层灌溉与湿润灌溉相结合。湿润灌溉畦面土壤表面通气，土壤含水量80%以上（脚踩在田面下陷2～3厘米）；寸水灌溉指水层保持1寸左右。

1. 寸水插秧　整地质量要求达到地面平如镜，高低差不超过3厘米，“寸水不露泥”的程度。插秧前灌水1寸左右，自然露干。

2. 寸水施肥和除草治虫　在移栽后5～6天施分蘖肥和除草剂，一般灌水1寸左右，能提高地温水温，促进土壤养分分解，

分蘖节处的光照和氧气充足，能促进分蘖的发生和生长。

（1）**早施分蘖肥** 在分蘖始期，追施氮肥，以满足水稻长叶、分蘖的需要，每亩施用尿素2.5千克为宜，最多不超过5千克。施肥不可过晚，否则易引起秧苗徒长倒伏。

（2）**防除杂草和病虫害** 除草已普遍应用除草剂，不仅可以消灭稻田杂草，还可减轻劳动量。在防治病虫害时应灌水1寸左右。病害主要有稻瘟病、恶苗病、褐斑病、白叶枯病，虫害有二化螟、稻蓟马、稻纵卷叶螟等。及时检查，及时防治。

（四）水稻旱种

指在旱地状况下直播，水稻苗期旱长、中后期利用雨水和适当灌溉满足稻株需水要求的种稻方法。水稻旱种按照水稻旱播后的灌溉模式分为旱种水管和旱种旱管。

第一，旱种水管是指水稻从播种到出苗经过一段时间的旱长后，按照常规水稻淹灌或浅湿灌溉的模式对其进行中后期水分管理的方法。其稻田生态特点表现为水分状况由旱田状态转化到水田状态，水分胁迫程度较小。此法主要是在降雨量和灌溉条件相对较好的地区或田块应用。

第二，旱种旱管是指水稻播种出苗后，像旱作物（小麦、玉米等）一样，按照定期的湿润灌溉模式进行田间水分管理。其稻田生态特点表现为旱田状态，水分胁迫程度大。有些地方称之为水稻旱作，主要分布在降雨量很少和灌溉条件相对较差的地区或田块。

第五章
优质稻米生产技术

一、优质稻米品种选择

（一）品种选择标准

第一，从当地的实际情况考虑，选择水稻优良品种，如当地的积温、水稻生育期、降水情况、栽培水平、土壤肥力、水资源情况、病虫害发生等。在稻瘟病易发区选用抗病性强的品种，在低温冷害易发地区选用抗低温品种，在土质肥沃、栽培水平高、自流灌溉区选择耐肥、抗倒伏品种，在水源不足地区选择耐旱品种，同时早、中、晚稻合理搭配，做到“种尽其用，地尽其力”。

第二，从栽培模式需要选择水稻优良品种。水稻育苗一般采用苗床旱育苗和钵体育苗方式。如果采用超稀植栽培的栽培模式，那么应选择大穗型，分蘖力高，抗逆性强，丰产性好，富营养的优质水稻品种。

第三，根据熟期实际情况选择水稻优良品种。例如，大理市气候类型复杂多样，立体气候明显，具有河谷热、坝区暖、山区凉、高山寒等特点。因此，稻农在选择水稻良种时，一定要从成熟期来确定，既不能选过早熟品种，也不能选超晚熟品种。

第四，根据市场经济需求选择水稻优质品种。消费者喜欢食用外观品质和味道均好的优质稻米，优质米的价格也明显高于一般稻米，农户种植这些优质品种收益也高。

第五，根据品种审定情况及品种在该地区的表现选择水稻优良品种。“三证”是指种子销售许可证，种子质量合格证及经营执照。选择国家已经审定推广的优良品种，防止购买假种，劣种和不合格品种；选择达到国家标准的良种，即纯度 100%、净度 98%、发芽率 95%，同时还要选择标准化和规范化良种。

（二）各地优质稻米品种

1. 华南地区

（1）兆香 1 号　审定编号：桂审稻 2011034 号。该品种属感温型常规稻，桂中、桂南早稻全生育期 125 天左右，晚稻全生育期 111 天左右。株型紧凑，分蘖中等。稻瘟病抗性综合指数 7～7.5，感稻瘟病，中抗至感白叶枯病。米质主要指标［农业部食品质量监督检验测试中心（武汉）分析结果，下同］：糙米率 75%，整精米率 53.9%，长宽比 4.5，垩白米率 4%，垩白度 0.5%，胶稠度 78 毫米，直链淀粉含量 15%。适宜在桂南、桂中稻作区作早、晚稻，桂北稻作区作晚稻种植，应特别注意稻瘟病等病虫害的防治。

（2）玉丝 6 号　审定编号：桂审稻 2013034 号。该品种属感温籼型常规稻，桂南、桂中早稻全生育期 126 天左右。稻瘟病抗性综合指数 8，高感稻瘟病，中感至感白叶枯病。米质主要指标：糙米率 78.6%，整精米率 61.7%，长宽比 3.4，垩白米率 9%，垩白度 1.8%，胶稠度 85 毫米，直链淀粉含量 14.2%。适宜在桂南、桂中稻作区作早、晚稻种植，应特别注意稻瘟病等病虫害的防治。

（3）玉美占　审定编号：桂审稻 2012028 号。该品种属感温型常规稻品种，桂南、桂中早稻全生育期 124 天左右；晚稻全生育期 106 天左右。分蘖力较强。感至高感稻瘟病、中感至感白叶枯病。米质主要指标：糙米率 81.2%，整精米率 70.2%，长宽比 3.4，垩白米率 8%，垩白度 2.1%，胶稠度 82 毫米，直链淀粉含量 14.4%。适宜在桂南、桂中稻作区作早、晚稻种植，桂北稻作区除全州、灌阳、兴安、灵川之外的地区作晚稻种植，应特别注意稻瘟病等病虫害的防治。

（4）**野香优 9 号**　审定编号：桂审稻 2011023 号。该品种属弱感光型三系杂交稻，桂南的晚稻全生育期 116 天左右。稻瘟病抗性综合指数 6～7.3，中感至感稻瘟病，中感至高感白叶枯病。米质主要指标：糙米率 81.8%，整精米率 71.1%，长宽比 3.4，垩白米率 6%，垩白度 1.6%，胶稠度 80 毫米，直链淀粉含量 15%。适宜在桂南稻作区作晚稻种植，或在桂中稻作区南部适宜种植感光型品种的地区作晚稻种植，应特别注意稻瘟病等病虫害的防治。

（5）**中广香 1 号**　审定编号：桂审稻 2010025 号。该品种属感温型常规稻品种，桂南、桂中的早稻全生育期 128 天左右；晚稻全生育期 105 天左右。分蘖力强。稻瘟病抗性综合指数 5～7.3，中感至感稻瘟病，中感至高感白叶枯病。米质主要指标：糙米率 78.3%，整精米率 66.6%，长宽比 3.7，垩白米率 11%，垩白度 2.5%，胶稠度 72 毫米，直链淀粉含量 15.2%。适宜在桂南、桂中稻作区作早、晚稻种植，桂北稻作区作晚稻种植，应注意稻瘟病等病虫害的防治。

（6）**桂育 9 号**　审定编号：桂审稻 2014039 号。该品种属感温籼型常规稻，桂南、桂中的早稻全生育期 123 天左右，晚稻全生育期 108 天左右。感稻瘟病、感白叶枯病。米质主要指标：糙米率 79.7%，整精米率 67.0%，长宽比 3.9，垩白米率 11%，垩白度 1.9%，胶稠度 72 毫米，直链淀粉含量 15.2%。适宜在桂南、桂中稻作区作早、晚稻种植。注意稻瘟病等病虫害的防治。

（7）**丰田优** 553　审定编号：桂审稻 2013027 号。该品种属感光籼型三系杂交稻，桂南晚稻的全生育期 120 天左右。稻瘟病综合指数 7.3，感稻瘟病，感至高感白叶枯病。米质主要指标：糙米率 78.3%，整精米率 66.5%，长宽比 3.5，垩白米率 10%，垩白度 3.5%，胶稠度 75 毫米，直链淀粉含量 14.0%。适宜在桂

南稻作区作晚稻种植。应特别注意稻瘟病等病虫害的防治。

（8）**美香粘2号** 审定编号：粤审稻2006009。该品种属感温型常规稻品种。晚造水稻平均全生育期112～113天，与粳籼89相当。株型好，生势强，谷粒较小，分蘖力较强，结实率较高，熟色好，后期耐寒力中弱。株高90.5～96.6厘米，穗长20.6～21.2厘米，亩有效穗21.8万～22.1万，每穗总粒数108～120粒，结实率83.9%～87.7%，千粒重18.1～18.5克。晚造水稻的米质达国标和省标优质2级，外观品质为晚造特一级，有香味，整精米率63.7%～67%，垩白粒率8%～20%，垩白度0.8%～1.4%，直链淀粉含量15%～17.6%，胶稠度72～77毫米。中感稻瘟病，中感白叶枯病。

（9）**象牙香占** 审定编号：粤审稻2006044。该品种属感温型常规稻品种。晚造水稻平均全生育期112～114天，与粳籼89相当。植株较高，株型适中，有效穗多，穗长，着粒疏，后期熟色较好，整齐度较好，抗倒性中等，耐寒性弱。株高99.4～104.1厘米，穗长22.7～23.2厘米，亩有效穗22.2万～22.8万，每穗总粒数115.2～117.2粒，结实率78.7%～81.8%，千粒重18.5～19.2克。晚造水稻米质达国标和省标优质2级，整精米率52.5%，垩白粒率5%，垩白度1.1%，长宽比4.1，直链淀粉18.1%，胶稠度77毫米，食味品质分82分。抗稻瘟病，中感白叶枯病。

（10）**黄华占** 审定编号：粤审稻2005010。该品种属常规籼稻品种、感温型常规稻品种。早造水稻全生育期129～131天，比粤香占迟熟4天。株型较好，植株较高，叶片长、直，转色顺调，结实率较高。株高93.8～102.8厘米，穗长21.0～21.8厘米，亩有效穗21.4万，每穗总粒数118.3～123粒，结实率80.5%～86.8%，千粒重22.2～23.1克。稻米外观品质鉴定为早造特二级，整精米率40%～55.2%，垩白粒率4%～6%，垩白度0.6%～3.2%，直链淀粉含量13.8%～14%，胶稠度67～88毫米。抗稻瘟病，抗白叶枯病。

2. 长江中下游稻区

（1）**隆晶优 1 号**　审定编号：湘审稻 2015042。该品种属籼型三系杂交迟熟晚稻。在浙江省作晚稻种植，全生育期 121.5 天。株高 112.2 厘米，株型适中。每亩有效穗 18.3 万穗，每穗总粒数 144 粒，结实率 82.2%，千粒重 28.2 克。抗叶瘟、穗颈瘟、稻瘟病、白叶枯病、稻曲病，耐低温能力较强。米质：糙米率 81.4%，精米率 73.2%，整精米率 70%，粒长 7.4 毫米，长宽比 3.2，垩白粒率 18%，垩白度 1.8%，胶稠度 70 毫米，直链淀粉含量 16.0%。

（2）**桃优香占**　审定编号：湘审稻 2015033。该品种属籼型三系杂交中熟晚稻。在浙江省作晚稻栽培，全生育期 113.4 天。株高 100.8 厘米，株型适中，生长势旺，茎秆有韧性，分蘖能力强。每亩有效穗 22 万穗，每穗总粒数 119.5 粒，结实率 79.7%，千粒重 28.8 克。抗叶瘟、穗颈瘟、稻瘟病、白叶枯病，耐低温能力中等。米质：糙米率 80.5%，精米率 71.5%，整精米率 63.3%，粒长 7.4 毫米，长宽比 3.4，垩白粒率 20%，垩白度 1.6%，胶稠度 60 毫米，直链淀粉含量 17.0%。

（3）**盛泰优** 018　审定编号：桂审稻 2017052 号。该品种属感温籼型三系杂交水稻品种。桂中、桂北早稻的全生育期平均 117.6 天，比对照五优 308 少 2.4 天；晚稻的全生育期平均 105.8 天，比对照五优 308 少 2.2 天。抗性：稻瘟病抗性综合指数为 6.5，穗瘟损失率最高级 9 级，白叶枯病 9 级；高感稻瘟病和白叶枯病。

（4）**兆优** 5455　审定编号：湘审稻 2016006。该品种属籼型三系杂交迟熟中稻。在湖南省作中稻栽培，其全生育期 147 天，比对照 Y 两优 1 号多 1 天。株高 117.2 厘米，株型适中，生长势强，叶姿直立。每亩有效穗 15.6 万穗，每穗总粒数 167 粒，结实率 85%，千粒重 27.5 克。抗性：叶瘟 5 级，穗颈瘟 6.3 级，稻瘟病综合抗性指数4.7，白叶枯病5级，稻曲病5级。米质：糙米率80.8%，精米率72.0%，整精米率66.7%，粒长7.1毫米，长宽比3.4，垩白粒率12%，垩白度2.8%，透明度1级，碱消值6.5级，胶稠度82毫米，直链淀粉含量15%。省评二等优质稻。

（5）G两优1号 审定编号：皖审稻2017022。该品种属中籼两系杂交稻品种。2013年、2014年两年区域试验结果：平均株高132.2厘米、穗长25.1厘米，亩有效穗15.5万，每穗总粒数201.7粒，结实率79.7%，千粒重28.1克。全生育期平均为139.9天，与对照品种（Ⅱ优838）熟期相当。抗性：经安徽省农业科学院植保所抗性鉴定，2013—2014年中抗稻瘟病、稻曲病，感纹枯病，中抗白叶枯病。经农业部稻米及制品质量监督检验测试中心检验，2013年该品种米质达部标3级，2014年米质达部标3级。

（6）湘晚籼13号 审定编号：湘品审第308号。"湘晚籼13号"（原名农香98）是湖南省水稻研究所和金健米业股份有限公司合作选育的迟熟香型优质常规晚籼品种。1999年、2000年参加省区试，两年平均亩产397.3千克，比对照威优46减产13.8%；全生育期平均为123.7天，比威优46多1～2天。米质优，在湖南省第四届优质稻品种评选中被评为二等优质稻品种。经鉴定，该品种易感稻瘟病，不抗白叶枯病。该品种适宜在稻瘟病和白叶枯病轻的地区作一季晚稻种植。

（7）玉香占 审定编号：桂审稻2004022号。该品种属感温籼型常规水稻，在桂南、桂中作早稻种植全生育期121～124天，比对照七桂占迟熟2天左右；作晚稻种植全生育期105～118天，比对照七桂占迟熟4天左右。株型适中，叶姿挺直，抗倒性较强。主要农艺性状表现（平均值）：株高103厘米，每亩有效穗数19.7万，穗长22厘米，每穗总粒数135.2粒，结实率76.9%，千粒重22.7克。抗性：苗叶瘟7级，穗瘟9级，白叶枯病3级，褐稻虱9.0级。米质主要指标：整精米率68.6%，长宽比3.1，垩白米率19%，垩白度3.9%，胶稠度77毫米，直链淀粉含量14.3%。

（8）**嘉禾**218　审定编号：浙审稻2007004。该品种属常规粳稻品种，叶色浓绿，叶片较长，着粒较稀，易落粒。嘉兴市两年区试平均全生育期155天，比对照短5天；平均亩有效穗19.6万，成穗率70%，株高92.3厘米，穗长18.5厘米，每穗总粒数112.5粒，实粒数97.3粒，结实率86.5%，千粒重29.2克。经省农科院植微所2005—2006年抗性鉴定，两年平均叶瘟0.3级，穗瘟2.8级，穗瘟损失率4.1%；白叶枯病7级；褐稻虱8.0级。经农业部稻米及制品质量监督检验测试中心2004—2005年米质检测，该品种平均整精米率57.7%，长宽比3，垩白粒率7%，垩白度0.9%，透明度1.5级，胶稠度73毫米，直链淀粉含量14.9%，其两年米质指标分别达到部颁食用稻品种品质3等和4等。

（9）**武香粳**14　审定编号：沪农品审稻（2007）第04号。该品种属常规粳稻品种，株高近100厘米，全生育期156天，较武运粳7号早熟4天。该品种分蘖力强，株型较好，叶色较淡，成穗数较多，结实率较高，穗粒结构较协调，抗倒伏性强，后期熟相好，抗稻瘟病、中抗白叶枯病，中感纹枯病。据2001年农业部稻米及制品质检中心检测：糙米率85.8%，整精米率73.6%，垩白粒率47%，垩白度6.3%，胶稠度88毫米，直链淀粉含量15.6%。

（10）**南粳**9108　审定编号：苏审稻201306。常规粳稻品种，株型较紧凑，长势较旺，分蘖力较强，叶色淡绿，叶姿较挺，抗倒性较强，后期熟相好。省区试平均结果：每亩有效穗数21.2万，穗实粒数125.5粒，结实率94.2%，千粒重26.4克，株高96.4厘米，全生育期平均153天，较对照早熟1天。该品种感穗颈瘟、中感白叶枯病、高感纹枯病，抗条纹叶枯病。米质理化指标根据农业部食品质量检测中心2012年检测：整精米率71.4%，垩白粒率10%，垩白度3.1%，胶稠度90毫米，直链淀粉含量14.5%，属半糯类型，为优质食味品种。

（11）**南粳**46　审定编号：沪农品审水稻（2009）第003号。该品种属常规粳稻品种，全生育期158天左右，比对照秀水110早熟2～3天，为中熟晚粳品种。两年区试平均株高104.9厘米，每亩有效穗数22万，穗长14.9厘米，每穗总粒数120～130粒，结实率90%，千粒重25.5克。株型适中，叶色淡绿，熟期转色好，抗倒性差。米质达到国标优质米3级标准。

（12）**南粳**505　审定编号：鲁审稻20170045。该品种属常规粳稻中晚熟品种。株型紧凑，叶色浓绿，穗半直立、无芒，谷粒椭圆形。区域试验结果：全生育期平均157天，比对照临稻10号早熟2天；平均亩有效穗数22.7万，成穗率75.7%，株高94.8厘米，穗长15.8厘米，穗实粒数115.4粒，结实率85.9%，千粒重28.4克，属半糯类型，食味品质较好。2014—2015年经农业部稻米及制品质量监督检验测试中心（杭州）测试：稻谷出糙率83.2%，整精米率69.3%，长宽比1.7，垩白粒率43.5%，垩白度9.3%，胶稠度77毫米，直链淀粉含量10.3%。2015年经天津市植物保护研究所抗病性接种鉴定，该品种感稻瘟病。

3. 西南稻区

（1）**川优**6203　审定编号：鄂审稻2014007。该品种属中熟籼型杂交中稻品种。株型较紧凑，株高适中，分蘖力中等，抗倒性较差。穗层整齐，长穗型，着粒较稀。亩平均有效穗数17.6万，株高122.9厘米，穗长26.7厘米，每穗总粒数165.8粒，每穗实粒数140.5粒，结实率84.8%，千粒重28.35克。全生育期平均131.8天，比Q优6号少1.9天。抗病性鉴定为稻瘟病综合指数2.4，穗瘟损失率最高级5级；白叶枯病7级；中感稻瘟病，感白叶枯病。

（2）**宜香优**2115　审定编号：国审稻2012003。该品种属籼型三系杂交水稻品种。长江上游作一季中稻种植的全生育期平均156.7天，比对照Ⅱ优838少1.5天。每亩有效穗数15万，株高117.4厘米，穗长26.8厘米，每穗总粒数156.5粒，结实

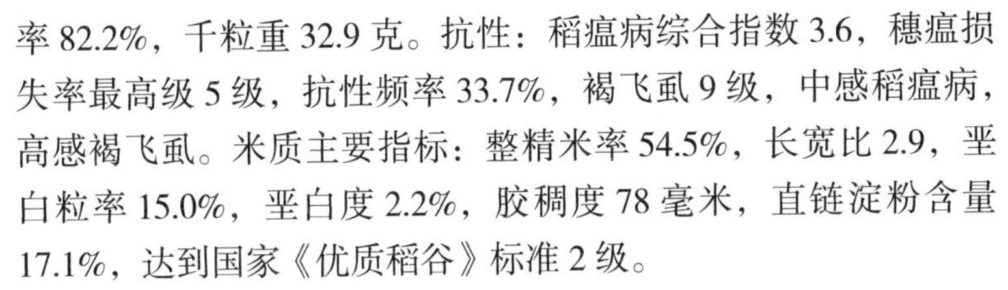

率 82.2%，千粒重 32.9 克。抗性：稻瘟病综合指数 3.6，穗瘟损失率最高级 5 级，抗性频率 33.7%，褐飞虱 9 级，中感稻瘟病，高感褐飞虱。米质主要指标：整精米率 54.5%，长宽比 2.9，垩白粒率 15.0%，垩白度 2.2%，胶稠度 78 毫米，直链淀粉含量 17.1%，达到国家《优质稻谷》标准 2 级。

（3）**F 优** 498　审定编号：国审稻 2011006。该品种属籼型三系杂交水稻。在长江上游作一季中稻种植的全生育期平均 155.2 天，比对照Ⅱ优 838 短 2.7 天。平均株高 111.9 厘米，穗长 25.6 厘米，每亩有效穗数 15 万，每穗总粒数 189 粒，结实率 81.2%，千粒重 28.9 克。抗性：稻瘟病综合指数 6 级，穗瘟损失率最高级 7 级，褐飞虱 7 级，耐热性较弱，感稻瘟病和褐飞虱。米质主要指标：整精米率 69.2%，长宽比 2.8，垩白粒率 21%，垩白度 4.9%，胶稠度 80.5 毫米，直链淀粉含量 23.5%，达到国家《优质稻谷》标准 3 级。

（4）**绿优** 4923　审定编号：国审稻 2015004。该品种属籼型三系杂交水稻品种。在长江上游作一季中稻种植的全生育期平均 153.8 天，比对照Ⅱ优 838 少 1.5 天。株高 110.7 厘米，穗长 25.6 厘米，每亩有效穗数 14.8 万穗，每穗总粒数 185.5 粒，结实率 78.8%，千粒重 29.9 克。抗性：稻瘟病综合指数 5.4，穗瘟损失率最高级 7 级，褐飞虱 9 级，抽穗期耐热性较弱，感稻瘟病，高感褐飞虱。米质主要指标：整精米率 56.7%，长宽比 3.1，垩白粒率 25%，垩白度 4.6%，胶稠度 64 毫米，直链淀粉含量 20.5%，达到国家《优质稻谷》标准 3 级。

（5）**滇屯** 502　该品种属于中早熟籼稻软米品种，其全生育期为 158～175 天，平均株高 100 厘米，穗长 28 厘米，穗粒数 102.4 粒，穗实粒数 85～92 粒，结实率 90%，千粒重 29～32 克。米质好，口感极佳，冷饭不回生。该品种适宜在海拔 1 000～1 600 米的籼粳交错地区种植，适应性强，抗病性好，高抗白叶枯病，中抗稻瘟病。稻谷出米率 70% 以上。

4. 北方稻区

（1）**丰优香占** 审定编号：黔审稻2005004号。该品种属迟熟籼型三系杂交稻，全生育期平均149.86天，与对照汕优63相当。株高110.76厘米，株形松散适中，叶色较深。分蘖力中等，亩有效穗16万左右。穗大粒多，穗实粒数为126.75粒，结实率73.58%，千粒重28.5克。无芒，颖尖无色，中长粒。2002年经农业部食品质量监督检验测试中心（武汉）测试，品质达国标3级，米质主要指标：整精米率58.3%，垩白度2.5%，长宽比3.2，胶稠度81毫米，直链淀粉含量16.28%。中感稻瘟病。耐寒性鉴定为较强。

（2）**宜香优**1577 审定编号：鄂审稻2004008。株型紧凑，分蘖力偏弱，茎秆青秀，茎节略外露，抗倒性较强。米粒有香味。平均亩有效穗数17.7万，株高114.6厘米，穗长26.2厘米，每穗总粒数162.7粒，实粒数125.8粒，结实率77.3%，千粒重26.53克。全生育期平均139天，比汕优63多2.5天。抗病性鉴定为感穗颈稻瘟病和白叶枯病。

（3）**吉粳**505 审定编号：吉审稻2007006。该品种属常规粳稻中晚熟品种，平均生育期141天，株高100.1厘米，每亩有效穗数25.2万，穗粒数105.9粒，结实率91.8%。谷粒长椭圆形，稀短芒，颖壳黄色，稻米清白或略带垩白，千粒重25.7克。依据NY/T 593-2002《食用稻品种品质》标准，糙米率84.3%、精米率76.5%、整精米率68.7%，粒长5.1毫米，长宽比1.8，垩白米率14%，垩白度2.1，透明度1级，碱消值7级，胶稠度86毫米，直链淀粉含量17.8%、蛋白质含量7.3%。米质符合三等食用粳稻品种品质规定要求。苗瘟表现中抗，叶瘟表现抗，穗瘟表现中感；在26个田间自然诱发有效鉴定点次中，最高穗瘟率为45%。2005—2006年在15个田间自然诱发有效鉴定点次中，纹枯病表现中感。

（4）**吉粳**84 审定编号：吉审稻2003014。该品种属常规粳

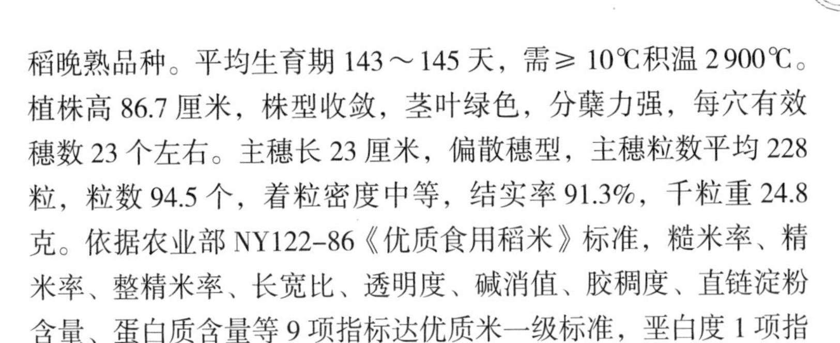

稻晚熟品种。平均生育期 143～145 天，需≥ 10℃积温 2 900℃。植株高 86.7 厘米，株型收敛，茎叶绿色，分蘖力强，每穴有效穗数 23 个左右。主穗长 23 厘米，偏散穗型，主穗粒数平均 228 粒，粒数 94.5 个，着粒密度中等，结实率 91.3%，千粒重 24.8 克。依据农业部 NY122–86《优质食用稻米》标准，糙米率、精米率、整精米率、长宽比、透明度、碱消值、胶稠度、直链淀粉含量、蛋白质含量等 9 项指标达优质米一级标准，垩白度 1 项指标达优质米二级标准。该品种中抗苗瘟，中感叶瘟，感穗茎瘟。

（5）**津原** 89　审定编号：津审稻 2015001。该品种属常规粳稻品种，全生育期平均 173 天，株高 104.2 厘米，穗长 19.5 厘米，每穗总粒数 185.4 粒，结实率 93.1%，千粒重 30.8 克，每亩有效穗数 13.7 万，成穗率 86.4%。2014 年天津市植物保护研究所鉴定结果：稻瘟病综合抗性指数 5.0，穗瘟损失率最高级 5 级，中感稻瘟病；条纹叶枯病发病率 7.9%，抗（R）条纹叶枯病。2012 年农业部谷物品质监督检验测试中心（武汉）检测，米质主要指标：整精米率 72.7%，垩白粒率 35%，垩白度 3.8%，直链淀粉含量 17.0%，胶稠度 80 毫米。

（6）**晶两优** 1377　审定编号：国审稻 2016608。籼型两系杂交水稻品种。长江上游作中稻种植的全生育期平均 158.5 天，比对照 F 优 498 多 4.3 天。每亩平均有效穗数 15.74 万，株高 108.9 厘米，穗长 24.2 厘米，穗粒数 201.2 粒，结实率 80.6%，千粒重 24.70 克。抗性：稻瘟病综合指数 3.8，穗瘟损失率最高级 5 级；褐飞虱 9 级；中感稻瘟病，高感褐飞虱。米质：整精米率 68.1%，长宽比 3.0，垩白粒率 6%，垩白度 1.4%，胶稠度 62 毫米，直链淀粉含量 16.4%，达到国家《优质稻谷》标准 2 级。

（7）**龙稻** 18　审定编号：黑审稻 2014005。该品种属常规粳稻品种。在适应区出苗至成熟生育日数 140 天左右，需≥ 10℃活动积温 2 600℃左右。该品种主茎 13 片叶，长粒型，株高 98 厘米左右，穗长 22 厘米左右，每穗粒数 140 粒左右，千粒

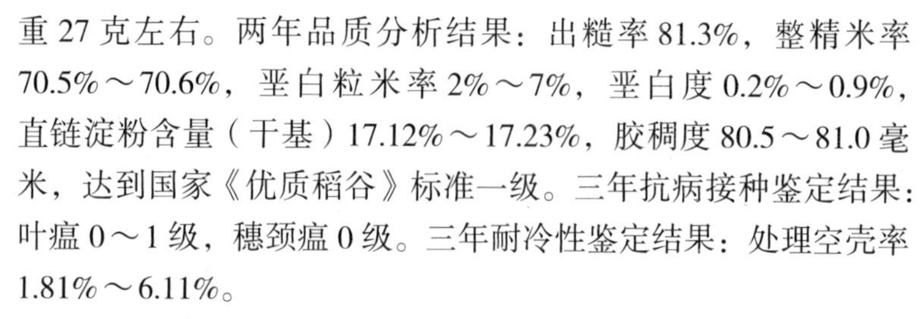

重 27 克左右。两年品质分析结果：出糙率 81.3%，整精米率 70.5%～70.6%，垩白粒米率 2%～7%，垩白度 0.2%～0.9%，直链淀粉含量（干基）17.12%～17.23%，胶稠度 80.5～81.0 毫米，达到国家《优质稻谷》标准一级。三年抗病接种鉴定结果：叶瘟 0～1 级，穗颈瘟 0 级。三年耐冷性鉴定结果：处理空壳率 1.81%～6.11%。

（8）**松粳 18**　审定编号：黑审稻 2013004。该品种属常规粳稻品种。在适应区出苗至成熟生育日数 142 天，需≥ 10℃活动积温 2 650℃。该品种主茎 13 片叶，株高 103 厘米左右，穗长 20 厘米左右，每穗粒数 150 粒左右，千粒重 24 克左右。两年品质分析结果：出糙率 79.6%～80.5%，整精米率 64.2%～68.5%，垩白粒米率 3.5%～9.0%，垩白度 0.8%～1.6%，直链淀粉含量（干基）16.25%～16.91%，胶稠度 70～77.5 毫米。三年抗病接种鉴定结果：叶瘟 3～5 级，穗颈瘟 1～3 级。三年耐冷性鉴定结果：处理空壳率 1.95%～12.56%。

（9）**五优稻 4 号**　审定编号：黑审稻 2009005。该品种属常规粳稻品种，主茎 15 片叶，株高 105 厘米左右，穗长 21.6 厘米左右，每穗粒数 120 粒左右，千粒重 26.8 克左右。品质分析结果：出糙率 83.4%～84.1%，整精米率 67.1%～67.9%，垩白粒米率 0，垩白度 0，直链淀粉含量（干基）17.3%～17.6%，胶稠度 76～79 毫米。在适应区出苗至成熟生育日数约 147 天，较对照品种“五优稻 1 号”晚 1～2 天，需≥ 10℃活动积温 2 800℃左右。

（10）**松粳 22**　审定编号：黑审稻 2016003。该品种属常规粳稻、香稻品种。在适应区出苗至成熟生育日数约 144 天，需≥ 10℃活动积温 2 700℃左右。该品种主茎 14 片叶，长粒型，株高 110 厘米左右，穗长 20.3 厘米左右，每穗粒数 104 粒左右，千粒重 27 克左右。两年品质分析结果：出糙率 80.4%～82.5%，整精米率 63%～69.5%，垩白粒米率 1%～7%，垩白度 0.1%～2.9%，直链淀粉含量（干基）17.33%～17.84%，胶稠度 73.5～79 毫米，达到国家《优质稻谷》标准二级。三年抗病接种鉴定结果：叶瘟1～2级，穗颈瘟1～5级。三年耐冷性鉴定结果：处理空壳率10.9%～14.53%。

（11）**绥粳19**　审定编号：黑审稻2015007。该品种属常规粳稻品种。在适应区出苗至成熟生育日数约138天。需≥10℃活动积温2 550℃左右。该品种主茎12片叶，长粒型，株高96.7厘米左右，穗长17厘米左右，每穗粒数94粒左右，千粒重26.6克左右。三年品质分析结果：出糙率81.2%～81.3%，整精米率61.3%～67.6%，垩白粒米率3%～4.5%，垩白度0.7%～2.6%，直链淀粉含量（干基）17.55%～18.27%，胶稠度70～79毫米，达到国家《优质稻谷》标准二级。四年抗病接种鉴定结果：叶瘟0～3级，穗颈瘟0～3级；四年耐冷性鉴定结果：处理空壳率4.62%～27.34%。

二、优质稻米生产技术

优质稻米生产配套技术与一般水稻品种的配套栽培技术不完全相同。良种需要与良田、良法配套，才能很好地发挥品种的优良特性，实现优质稻米生产。实践证明，优质稻米生产需要有一整套从产前的耕作制度安排、稻田土壤培肥、优良品种选择，到产中、产后的耕、种、密、水、肥、药等促控技术措施，确保秧苗健壮、分蘖快发、穗粒协调的优质高产群体，发挥品种的品质和产量潜力，实现优质、高产和高效的目的。

（一）选择适宜的优质稻品种

优质稻品种选择要因地制宜，综合考虑，不能单纯追求米质标准，根据需要确定优质稻栽培目标，在同档次的品种中选择产量相对较高、抗性较好、适应性较广、品质稳定的品种。采取订单生产的优质稻品种应由加工企业根据市场需求确定，实行“一地一品”连片种植。在实际生产过程中，应选用通过国家或省级审定，并在当地示范成功的优质高产水稻品种，米质达到《优质稻谷》国家标准（GB/T 17891—1999）优质稻三级以上。当前生产上适宜在安徽、河南、湖北、湖南、重庆、四川、云南、贵州、广西、广东、福建、江西等南方12个水稻主产省推广应用的优质稻品种已在前节详细介绍，各地可参考选用。

（二）确定优质稻的最佳播栽季节

优质稻最佳播栽季节就是通过选用优良品种、优化种植制度，以及调整播种期和移栽期等，使优质水稻的抽穗期、灌浆期处于最佳的温光时段，以满足优质稻品质形成的气候生态条件。在我国南方广大稻区，一季中稻的生长季节弹性较大，只要安排得当，就比较适宜优质稻的生产，但应注意避开夏秋季节交替时的高温热害影响；双季早稻的抽穗、灌浆期正值盛夏，高温、高湿环境不利于优质稻米品质的形成，难以生产出优质食用稻米；双季晚稻的最佳抽穗灌浆期要比安全齐穗期提前7～10天，优质稻生长季节也应做些调整，确保水稻在适宜的温光条件下充分灌浆成熟，避开寒露风的危害。

（三）保持优质稻群体生长协调发展

促进优质稻植株个体生长健壮的基础上，保持优质稻群体生长协调发展，提高群体质量和发挥其生产潜力是实现水稻优质高产的共性技术途径。在优质稻米生产过程中，需要依据优质稻品种不同生长发育阶段的长势、长相和群体发展，以有效的栽培技术措施，提高出苗率和壮秧率；前期促进分蘖早生快发，提高有效分蘖率；中期抓壮秆大穗，提高成穗率；后期养根护叶，提高结实率和充实度，促进干物质积累转运，增加粒重和改善稻米品质。

第一，前期育好秧，提高壮秧率和促进分蘖早生快发。适时播种、培育壮秧是夺取优质稻米高产、优质、高效的基础。优质稻保优栽培，苗期育秧需要适当减少本田用种量，一般常规稻每亩用种量 2.5～3.5 千克，杂交稻每亩用种量 0.5～1 千克，相应降低秧田用种量，具体播种量因秧龄长短而定。育秧技术上要通过精选种子、精整秧田、精细播种、精心管理，促进全苗、匀苗和壮苗，做到成苗率 85% 以上，壮秧率 80% 以上。我国水稻育秧方式多种多样，技术方法也各有差异，需根据地区、季节选择适合当地具体生产条件的育秧方式，重视稀播育带蘖壮秧。在培育壮秧的基础上，促进分蘖早生快发，建立优质稻高产苗架子，提高有效分蘖攻大穗。主要技术方面，做到精整大田，培肥土壤，基肥底施匀施，创造良好的根系生长发育条件。适时合理栽插，科学施肥、灌水，及时防治病虫。返青后早施蘖肥，促进早发，控水搁田，促进根系深扎，确保植株健壮生长，为中期保足穗、攻大穗打好基础。

第二，中期抓壮秆大穗，提高成穗率。优质稻进入营养生长和生殖生长的中期阶段是产量形成的关键时期，需要通过科学合理的肥水运筹促进光合物质生产，提高成穗率，增加枝梗和颖花的分化量，为足穗、大穗、重穗创造条件。在幼穗分化开始后的倒 3 叶时，适量施用穗肥，有助于促使分蘖成穗，增加成穗率；在倒 2 叶时看苗酌情补施促花肥，有助于增加一次枝梗和二次枝梗数，增加颖花量，起到促花增粒作用；在剑叶抽出的孕穗期巧施保花肥，以根外追施磷酸二氢钾为主，有助于减少颖花退化，起到保花增重的作用。

第三，后期养根护叶，提高结实率和粒重。优质稻进入扬花、授粉、灌浆和成熟的后期阶段，重点在于科学管水，采取间歇灌溉方式，保持田间干干湿湿，以水协调土壤水气矛盾，以水养根，以气护根，做到根活茎活、茎活叶绿、青秆黄熟。同时又不能断水过早，防止因缺水造成干旱逼熟问题，从而降低粒重、品质变劣。

第六章 低产稻田高产栽培技术

一、冷 浸 田

冷浸田是长期积水的强潜育性低产水稻田，又称冷浸性水稻田，是我国低产水稻田的一个主要类型，全国约有346万公顷，占全国稻田面积的15%，占低产稻田面积的44.2%。冷浸田主要分布在中国南方山区谷地、丘陵低洼地、平原湖沼低洼地，以及山塘、水库堤坝的下部。冷浸田具有深厚的潜育层，排水不良、土壤通气透水性差。春季土温回升慢，秧苗发育迟，产量较低。正常水稻田单位面积上的年单产已经达到600千克以上，而冷浸田上的水稻单位面积年单产还只有200多千克，这意味着冷浸田蕴藏着巨大的增产潜力，若采取针对性的改良措施，把冷浸田改造成中高产田，提高其生产力，那么即使不扩大水稻种植面积，也能增加稻谷产量。冷浸田改造主要通过工程措施建立排水系统，降低地下水位。同时改变耕作措施，耕翻晒垡，水旱轮作，提高土壤氧化还原电位，降低还原性物质毒害；增施磷钾肥，弥补冷浸田有效磷钾元素不足的缺陷。

（一）工程措施改良冷浸田技术

1. 开沟排渍　这是冷浸田改良的一个重要措施。排水沟的作用不仅在于通过快速排出多余水分来降低积水对作物的胁迫，还起到改良土壤物理结构便于农业机械化的作用。福建省建瓯市多年试验统计，采用石砌深窄沟（主沟深1.5米、宽深0.3米；支沟深1米、宽0.3米）开沟第一年每亩增产稻谷127千克，第二年增产稻谷79千克。据田间测定，日渗水速度增加，还原性物质明显降低，氧化还原电位明显升高。

2. 埋暗管　埋暗管是冷浸田排水的重要措施，一般埋深约0.7米的暗管即可降低0.2～0.4米的地下水位，提高水温、土温，增加水稻有效分蘖数。采用多孔塑料波纹暗管排水改造山区冷浸田，可使耕层土壤降渍，水、土温度升高，理化性状改善，单季杂交稻产量达每公顷7.9吨，比未改造对照增产47.3%。

（二）开厢起垄除障技术

根据稻田所处地形地貌和稻田块形状、面积大小等确定厢的宽度、厢沟数和沟深度。潜育化程度较重的冲沟田，厢宽3米左右，沟宽30厘米左右，深度20～30厘米，厢沟贯穿整个稻田。开沟一般在整田、施肥后进行，水稻移栽前，采用人工或机具开沟。

应根据地形和稻田类型确定垄面宽度和垄沟深度。位于冲沟、平坝的深脚烂泥田、冷泥田、潜育化稻田，每隔133厘米开沟起垄，则垄面宽1.2米、沟宽13厘米、沟深25～30厘米。垄向顺水流方向，沟应贯穿整个稻田。其他冬水田可以加宽垄面，每隔2.7米（或2米）开沟起垄，若按2.7米开沟起垄，则垄面宽2.4米、沟宽13厘米、沟深25～30厘米。垄面宽度的确定除了考虑上述稻田类型外，还要考虑当地的栽培规格是否便于农事操作。例如，1.3米开沟起垄，按照重庆的栽培规格垄面正好种4行水稻，一人站在沟中可以完成1个垄面的插秧。2.7米开沟做垄则种8行水稻，每个人站在沟中可以完成半个垄面的插秧。垄面过宽不利于消除冷泥田障碍和改善土壤。

起垄时间应在栽秧前15～30天，将长期关冬水的田放浅水，不犁不耙，直接拉线做垄，垄向为顺水流方向。深脚烂泥田、潜育化稻田由于土壤软烂、分散，一次不能成型，应先做成雏形，待定型后再在插秧前修正。第一次成垄后，之后每次种植前不需要再做垄，采取原垄连续免耕种植，实现轻简化。水稻每季作物收获后应保持原垄，在下一季作物种植前采取免耕（可以适当浅锄）措施，施用基肥后将沟中糊泥放于垄面即可栽种。

栽插规格宜 1.2 米垄面插秧 4 行，按宽窄行栽培，行距为宽行 40 厘米＋窄行 27 厘米，垄中央为宽行以及垄之间的沟为宽行；窝距为 17 厘米或 20 厘米，每亩栽 1.1 万～1.2 万穴。2.5 米垄面分 8 行，同样按宽窄行种植。

起垄方法主要为人工或机械开沟起垄。在机械化程度高的地方，可用机器开沟起垄，调整好开沟器规格，机手必须熟练，垄沟才直顺、垄埂大小一致。否则，垄沟弯弯曲曲，垄埂粗细不一，影响栽秧和通风透光。在田边、田角处，由人工起垄连接。第一次起垄可能难成型，注意补垄定型。水稻收获后不要将垄破坏，应保持原垄，在原垄上连续垄作、连续免耕，才能实现“减障、稳构、增温、促释、促蘖、提穗、增产”以及轻简化的目标。如果采用半旱式栽培，那么在水稻收获后将稻草覆盖在垄面免耕（或者浅锄），种植小春作物；小春作物收获后，施水稻基肥，将沟中浮泥送回垄面，灌水插秧。

（三）土壤改良剂缓解技术

对于 pH 值 <5 的稻田，在起垄前施用碱性改良剂，撒施生物炭或草木灰 1 500 千克 / 公顷，或石灰 1 500 千克 / 公顷，或硅钙等土壤调理剂 750 千克 / 公顷。如果采用半旱式栽培，起垄后前两年的冬季在垄面种植紫云英等绿肥还田。之后每季作物收获后进行秸秆还田，在下次作物种植前将秸秆腐解物与浮泥一起放在垄面，也可以直接覆盖在垄面，视具体情况而定。在水稻移栽半个月后，要检查厢沟是否有塌陷，应及时清理。在无严重干旱

的前提下保持田面浅水层，分蘖盛期保持厢沟内有水即可。

二、盐 碱 田

我国盐碱地分布广泛，盐碱地含盐量高、土壤贫瘠，不耐盐作物和品种很难正常生长，作物产量往往较低。水稻是盐碱地先锋作物，在水资源较充足的沿海滩涂地区，种植耐盐的水稻品种可以实现以稻治涝、以稻治盐的目的。

盐碱地种植水稻时，主要盐害表现为水稻成秧率低，分蘖量大幅减少，生长量小，抽穗困难，有的不能抽穗或包茎，颖花育性差和千粒重低等症状。降低耕作层土壤的含盐量是盐碱地土壤改良的重要途径，可保证水稻正常生长。

（一）水利改良技术

水利改良是指通过农田排水将土壤盐分排出农田，降低土壤含盐量，改善水稻生长环境的方法。目前排水方式有暗管、明沟和竖井等形式。暗管排水虽然初次投资较高、工程技术较为复杂，但是能较长期地保证排水效果。明沟排水应该预防边坡坍塌，一旦造成排水沟淤塞，排水效果明显降低。竖井排水需要提水动力设备，若能结合灌溉，则易于推广。

（二）节水耕作洗盐技术

目前，我国盐碱地改良主要是在插秧前泡田洗盐，并通过生长期淹灌和排水换水，冲洗和排走土壤中的盐分，能较快地起到改良盐碱地的作用。例如，赵国臣等人发明了盐碱地水田快速脱盐碱的整地方法，在水稻秋收后的稻田中施底肥后用大犁秋翻地后晒垡，翌年春季旱旋地，打埂、泡田后粗耙地找平，至泥浆沉淀后移栽，可达到节省水资源、快速脱盐碱、优化土壤结构、改善脆弱生态环境的目的。

移栽前5～10天深翻耕，然后灌入淡水，使淡水高于田面2～4厘米，然后旋耕，泡田1～2天后排出；继续灌入淡水，使淡水高于田面2～4厘米，然后旋耕细耙，泡田至表层水澄清后排出；再次灌入淡水，保持田面1～2厘米水层，移栽水稻秧苗。水稻秧苗返青后，每隔3～4米开一条浅沟。田埂内侧开挖深沟，田埂外侧开挖排水沟，排水沟沟底低于耕作层15～20厘米。在耕作层底部每隔5米预埋排盐暗管，排盐暗管上设有阀门，排盐暗管的出口与排水沟相通。在田埂中每隔10米设置地下水位测定装置——地下水位测定管。当地下水位上升时，打开排盐暗管的阀门排盐；当地下水位下降时，向田地中灌入淡水洗盐。当有大量降水时，也可打开排盐暗管的阀门辅助排盐。

将整地与洗盐同步，在水稻移栽前5～10天进行深翻耕，选择前7天进行深翻耕。深翻耕后向田中灌入淡水，使淡水高于田面2～4厘米，然后进行旋耕，增加土壤与淡水接触面，使淡水与土壤颗粒充分接触，提高洗盐速度、减少淡水用量。泡田1～2天后排出淡水，然后再灌入淡水，使淡水高于田面2～4厘米，之后旋耕细耙，泡田至表层水澄清后排出；再次灌入淡水，保持田面1～2厘米水层，移栽水稻秧苗。

移栽水稻秧苗至秧苗返青后，在水稻田中每隔3～4米开挖一条浅沟（又称丰收沟），提高水稻产量；在稻田田埂内侧开挖深沟（又称围沟），也能够提高水稻产量；在田埂外侧开挖排水沟，排水沟的沟底低于耕作层15～20厘米。浅沟的沟宽为15～20厘米，沟深为10～15厘米；深沟的沟宽为35厘米，沟深为30厘米，排水沟的沟宽为40～50厘米。

（三）育秧机插技术

盐碱地土壤盐碱含量高，而水稻秧苗期间对盐碱很敏感，大田育秧易造成出苗差、成秧率低、根系生长差、盘结力差不易成毯等问题。因此盐碱地水稻育秧机插需要选用耐盐碱品种，采用客土或水稻专用基质育秧，旱育秧或采用工厂化育秧技术。

1. 品种选择　选择前期筛选熟期适中的优质高产耐盐碱的水稻品种。

2. 培育壮秧　种子经消毒、浸种、催芽后，选择钵形毯状秧盘播种，每盘播芽谷种量为 120～150 克。采用叠盘出苗的方法和基质育秧，将秧盘叠起置于催芽暗室中，32℃条件下经 2 天 2 夜出苗，将苗摆于苗床上。

3. 稻田耕作及洗盐　于晚秋水稻收割后、土壤含水量 25%～30% 时，翻地深 20 厘米左右，冬季翻耕晾垡，春季旋耕旱整平。采用耕翻、旋耕、深松及耙耕相结合的方法，按照一年深翻、二年旋耕的循环周期耕耙土地，防止返盐积盐。春季泡田压碱洗盐，泡田期间发现缺水及时补充，以保证压碱质量。于计划插秧日期前 8～10 天用水平地。不同稻田土壤含盐量不同，要采用不同的洗盐方法。稻田盐碱含量 0.3% 以下的地块，水平地结束后要将田水排除再换新水，可以种植水稻。盐碱含量 0.4%～0.6% 的地块，在水整地旋耕一遍时，待水清后排净田水，然后灌水旋耕，水清后再一次排田水换新水。含盐量 0.6% 以上的地块，泡田、压碱、水平地过程中至少进行 2～3 次排水和换新水，才能保证插秧成活率。

4. 插秧　采用钵毯苗机插技术：高肥力土壤地块，行穴距为 30 厘米×16 厘米，每穴 3～5 棵基本苗；中等肥力地块，行穴距为 30 厘米×13 厘米，每穴 4～6 棵基本苗；低肥力地块还应该缩小穴距，增加每穴基本苗数。

5. 稻田施肥及节水灌溉

（1）施肥　采用二次施肥法，基肥用缓释肥，于泡田洗盐后、水平地前施入；纯氮剩余量（去掉缓释肥中的含氮量）分 2 次追施，缓释肥与尿素各占 50%。氮肥用量为 16 千克，过磷酸钙为 40 千克 / 亩作基肥，水平地时施入；硫酸钾 10 千克 / 亩，其中水稻插秧返青后追施 5 千克 / 亩，拔节期追施 5 千克 / 亩。

（2）**灌水与晒田**　①移栽期，插秧后、返青前灌水至苗高 2/3 处。②整个分蘖期灌 3～5 厘米深的浅水，增温促蘖。盐碱地块每 7～10 天换一次水。③晒田，有效分蘖高峰期前 3～5 天排水晒田 5～7 天，然后正常管理。④晒田标准：稻田土不沾脚，田面见白根，叶挺色淡；盐碱重的地块轻晒田或不晒田。⑤穗分化期灌 4～6 厘米活水，遇到低温灌 10～15 厘米深水护幼穗。⑥扬花灌浆期灌 5～7 厘米活水，灌浆至蜡熟期间歇灌水，干湿相间管理。⑦黄熟期开始排水，洼地适当早排，漏水田适当晚排。

6. 病虫草害防治

（1）**化学除草**　采取“一封、二杀、三补”的化学除草原则。

（2）**病虫害防治**　水稻病虫防治的主要对象有以水稻纹枯病、稻瘟病和穗期综合征等为主的水稻病害，以及水稻二化螟、稻飞虱、稻纵卷叶螟和地下害虫为主的水稻虫害。

7. 收获　完熟期收获。收获质量联合收割机转速 550～600 转 / 分钟，脱谷损失率不大于 3%，糙米率不大于 5%，破碎率不大于 0.5%，清洁率大于 97%。

（四）水稻覆膜种植技术

盐碱地区不仅存在土壤盐碱含量高的问题，同时也存在干旱缺水的问题。在作物生育期内具有抑盐和节水效应的地膜覆盖栽培技术，在一定程度上可以解决土壤盐碱化和水资源短缺两大问题。地膜覆盖栽培技术除了具有显著性的增产效应外，还具有增温、节水和抑盐效应。

1. 选好品种　盐碱地种水稻，选择的品种不仅要产量高、米质好，还要具有抗旱、耐涝、耐盐碱的特性。近几十年来，我国水稻育种家培育出了很多耐盐碱的水稻品种，稻农可以选择适宜本地区栽培条件的品种。

2. 种子处理　种子处理的第一步是选种，每 50 升清水加食盐11～12千克，用这种方法选种，不饱满的种子就会漂在水面，把这些不饱满的种子捞出去就可以得到粒大饱满、没有脱壳、没有草籽的干净种子。用盐水选完的种子还要用清水洗两遍，避免影响种子的发芽率。

3. 浸种消毒　盐碱地水稻育秧，秧苗常常受到立枯病、青枯病等病害的影响，浸种消毒是一项非常有效的防治措施。浸种消毒时使用50%多菌灵可湿性粉剂，或者50%甲基硫菌灵可湿性粉剂，按照说明书的用量，用20℃的水把药剂搅拌均匀，然后倒入种子，浸种时间为48小时，浸种期间要搅拌几次。

4. 精细整理秧田　盐碱地种水稻，选好秧田是非常重要的，若盐碱地土壤盐分含量高，则不利于秧苗的生长，因此我们必须选择含盐量在0.3%以下的地块进行育苗。除此之外，育秧田还要选择在地势高燥、地面平坦、排灌水方便的地方。平整土地是抑制土壤返盐的一项重要措施，这是因为若盐碱地的地面高低不平，盐就会随着水分的蒸发，聚集到高处，在局部形成盐斑，抑制这一片水稻幼苗的生长。因此，平整土地的时候，不同育秧田之间可以在高低上有些差距，但在同一方育秧田里，要求地块平整，高度差控制在1厘米以下，这样才能保证洗盐的效果。

5. 盐碱地育秧采用深沟高床的栽培方式　深沟高床就是在秧田周围挖一圈深沟，深度30～40厘米，采用这种方式能够达到排碱洗盐的目的。水泡秧田可以把一部分盐分淋溶到土壤底层，然后随着排水沟排走。整理好的育秧床，床面宽度是1.5米、长度是15米左右。

6. 泡田洗碱　育秧床使用之前，泡田洗碱工作是必不可少的。播种前1周左右泡田洗碱2～3次，每次灌水之后泡田2天，然后把水排掉再灌上新水，直到秧田的盐分降到适合秧苗生长的状态。泡田结束后，必须把秧床整理平整，这一点在盐碱地育秧的过程中是非常重要的。

7. 播种覆膜　水稻播种时间要根据不同地区不同品种来确

定，一般来说，气温稳定在7℃以上时就可以播种了。盐碱地育秧时水稻播种的密度不能太大，每平方米撒播200克种子即可，采用这种稀播的方式有利于培育壮苗。播种的时候落谷要均匀。播种以后轻轻地压一压种子，使种子陷入表层的泥浆中，即踏谷，踏谷能起到保暖防冻、抗旱防冲的作用，同时也能促进秧苗扎根。

（五）肥料高效施用技术

水稻适宜在弱酸条件下生长，以土壤pH值为6～7、水中盐分含量在0.15%以下较适宜。因此，盐碱地稻田每次施用氮肥后，一般会出现不同程度的肥害，表现为秧苗生长细弱矮小，插秧缓苗慢，分蘖迟；受害重的秧苗植株褐色、老叶干枯，新叶窄小，僵苗不长；肥量越大，肥害越重。为避免或降低肥害，盐碱地水稻田通常采用“少吃多餐”的施肥方法，本田期需施肥4～6次。但施肥次数多，不仅增加人工成本，还容易造成肥水流失，一般稻谷产量在550千克/亩以下。随着土地流转、规模化经营的快速发展，水稻生产用工的方式的以雇工为主，施肥人员为了减轻沉重的肥料负担，普遍做法是开始施肥时大把撒肥，之后越撒越少，施肥不均匀，导致水稻生长或肥大、贪青晚熟、倒伏，或肥小、群体不足，不能实现高产稳产。

1. 施肥时期、方法 将水稻本田所拟施全部氮肥的85%～90%、100%磷肥、100%钾肥在耕地前一次性施于土壤表层；其余拟施氮肥的10%～15%在孕穗期施用，或依据水稻苗情减量施用；孕穗肥的施用时期根据品种穗粒数确定，穗粒数＞150粒的大穗型品种，在进入幼穗分化8～12天施用；穗粒数为130～150粒的中穗型品种，在进入幼穗分化7～10天施用；穗粒数＜120粒的小穗型品种，在进入幼穗分化的5天以内施用。

2. 平整土面 同一地块地面高度差要小于10厘米，高度差大于10厘米的田块用田埂隔开或进行平整。冬前将田块周围水位降至距土表 1 米以下，确保耕地时土壤含水量低，耕后土质疏松、不成泥条，能将 95% 以上肥料覆盖在土层下面。

3. 施肥方式与耕地深度　使用旱田播种施肥机械将耕地前一次性施用的肥料均匀播撒在土壤表层，保证不重施、不漏施，然后用翻耕或旋耕方法耕入土壤 18～20 厘米，施肥与耕地作业同日完成。

4. 灌水泵站设置筛网过滤池　在泵站的抽水处、出水处各设置筛网过滤池，采用规格为 1～1.5 毫米的筛网分别双层固定，拦截水源地滋生的水绵。筛网过滤池的大小根据泵站抽水量而制定，以不外溢水为适宜。

5. 耕地与灌水洗碱间隔期　耕地后根据外界温度确定灌水洗碱时期，日平均温度在 15℃以下，耕地日期与灌水间隔期 6～7 天；日平均温度在 15℃以上，耕地日期与灌水日期间隔 3～4 天。

6. 水层管理　pH 值＞7.5 的土壤类型，洗碱 2 次；pH 值＜7.5 的土壤类型，洗碱 1 次。耙地后田间保持水层 10～15 厘米，3 叶以上分蘖达到计划穗数的 70%～75%，根据品种抗倒伏能力、群体大小晾田 5～10 天，群体小、品种抗倒伏能力强轻晾，反之则延长晾田天数。抽穗 10 天后间歇灌水。

该方法不仅大幅度减轻了传统人工施肥的繁重劳动，还减少了传统施肥方法肥料渗入土壤过程中的流失，并依据土壤 pH 值与品种特征使用相应氮、磷、钾肥料配方，避免了盲目施肥；增收、增效，提高肥料利用率，降低生产成本，应用效果非常显著。

（六）秸秆还田土壤培肥技术

盐碱地盐碱含量高，植被稀少，土壤有机质含量很低，土壤通气性差，易板结。盐碱地改良除了洗盐排盐降低土壤含盐量外，还有就是盐碱地土壤培肥。盐碱稻田培肥的一项重要方法就是稻草还田，但是因为盐碱地含盐量高，尤其收获后无水层压盐，土壤还盐后不利于稻草分解，所以下季水稻插秧后，随着温度快速上升，稻草分解生成大量还原性有毒有害物质，使秧苗根系生长受到抑制，水稻根系发黑、死苗，产量低。

水稻收获时采用带切草装置的收割机收获，稻草切至 5～10 厘米的小段。水稻收获后 3 天内，将水稻秸秆段集中堆垛。每 8～10 厘米厚的水稻秸秆层先均匀喷水，使水稻秸秆含水量在 20%～30%，然后在秸秆表面喷洒骨粉、粗糖等快速秸秆腐烂助剂。秸秆腐烂助剂主要由动物骨粉、粗糖和秸秆降解菌剂。秸秆腐烂助剂组分用量为骨粉：粗糖比例为 70∶30。秸秆与秸秆腐烂助剂用量比例为 200～500∶1，秸秆降解菌剂与秸秆用量比例为 3～5 毫升 /1 000 克。秸秆腐烂助剂按每千克干稻草 2～5 克，秸秆降解菌剂按每千克干稻草 3～5 毫升均匀喷洒在秸秆表面。秸秆堆制预处理时，稻草堆垛压实，保温保湿，便于分解菌繁殖，从而加快稻草分解；然后在冬季将堆制预处理的秸秆撒开，翻耕进入稻田，促其腐烂，提高土壤肥力。

三、低肥力稻田

黄泥田是我国南方主要的中低产水稻土类型之一，在我国分布面积约为 42.5 万公顷。黄泥田水耕熟化时间短，熟化程度低，土壤质地黏重，黏结性高，耕性不良，易板结；土体通气性差，微生物活性低；土壤酸性强，保肥性差。较低水平的有机质、速效钾、有效硅及耕性不良是低产黄泥田的主要限制因子。目前，施有机肥、有机无机肥配施、秸秆还田是低产水稻土黄泥田改良的主要方法。在长期施肥条件下，有机无机肥料配施可增加黄泥田土壤全氮、有机质及微生物含量，可提高土壤质量和生物肥力。稻田秸秆还田配施秸秆腐熟剂可有效提高稻谷产量，改善土壤理化性状，有较好的培肥地力和增产效果。

（一）机械化秸秆还田技术

1. 机械收割　联合收割机收获作业是水稻秸秆还田的前提条件。常用的自走式半喂入联合收割机一般带有秸秆切碎装置，如久保田 488、久保田 588、洋马人民号等机型，有切碎和不切碎两种状态可供选择。秸秆全量还田时选择秸秆切碎状态，作业时一般留茬 15 厘米左右；在秸秆综合利用（如作沼气料、饲料、工业原料等）时，选择非切碎状态，由捡拾打捆机收集田间秸秆并打捆，运出田间用于其他用途。秸秆切碎是保证秸秆还田作业的重要前提，技术关键是秸秆切碎和留茬高度。

2. 配套技术

（1）大田整理　将切碎的秸秆均匀分散于田面。

（2）土壤水分　土壤含水率应符合条播机作业要求，土壤含水率控制在 35% 以下。

（3）施足基肥　每亩用普通复合肥 45～50 千克，均匀撒施于地面。

（4）撒施秸秆快腐剂　在机械耕翻前，每亩用 2 千克快腐剂拌 10 千克细土，混匀后撒施在秸秆残体上，可加快秸秆腐熟速度，提高秸秆还田效果。

（二）绿肥综合还田技术

早稻采用紫云英还田技术，用有机肥和无机肥配施；中稻和晚稻施用畜禽粪肥或秸秆还田。种植紫云英用于作为绿肥还田时，要施用基肥：磷肥 36 千克 / 公顷、钾肥 45～54 千克 / 公顷，施后播种。绿肥紫云英于秋季播种，9 月中旬至 10 月上旬播种的紫云英鲜草产量最高。若种植中、晚稻，则在中、晚稻后期行间套种，播种前在田块四周开沟排水。播种紫云英时保持土壤湿润或有 1～2 厘米薄水层，大部分种子萌发后保持田间湿润，切忌积水超过 24 小时以上。水稻收获前 10 天保持土壤干爽，防止烂田收割，踏坏紫云英幼苗。一般紫云英与晚稻共生期在 25 天左右较适宜。双季稻田间作紫云英播种量为 22.5～30 千克 / 公顷。若不种植中、晚稻，而是在种植单季稻的地区进行机械免耕直播，则可选择油菜直播机械，集开沟、播种、覆盖一体化，在水稻收割后 2～3 天内进行。大型机械每隔 2.6 米开沟一条，畦宽 2.5 米，沟深 20～30 厘米，沟宽 10～15 厘米。机械免耕直播采取条播方式，在水稻收获前 10 天进行排水晒田，达到水稻收获时脚踩稻田基本无印迹。单季稻田的播种量为 30～37.5 千克 / 公顷。

在紫云英第一片真叶期施用尿素 15～22.5 千克 / 公顷，可以促进根瘤的形成和紫云英生长发育；同时施用氯化钾肥 45～75 千克 / 公顷。在 2 月中旬到 3 月上旬紫云英生长旺盛期，施用氮肥尿素 37.5～75 千克 / 公顷。对于早稻田改良，在 11 月中旬紫云英苗期施用氯化钾肥 45～75 千克 / 公顷，喷施 1～2 次浓度为 0.1%～0.15%硼砂（硼酸）溶液和 0.05%钼酸铵溶液，可明显增加紫云英鲜草产量。在早稻移栽前 15 天，将种植的紫云英直接耕翻还田，用量以鲜草 22.5 吨 / 公顷为宜。在紫云英作绿肥还田后，施过磷酸钙或钙镁磷肥 300 千克 / 公顷，在缺磷的土壤上其施用量可增加至 450 千克 / 公顷；如果稻田土壤肥力偏低，那么可适当再追施尿素 10～15 千克 / 公顷。

（三）水稻秸秆生物炭还田技术

水稻秸秆生物质炭是一类由水稻秸秆生物质在 300～700℃条件下热解炭化形成的一类高度芳香化难熔性固态物质。研究表明，生物质炭能够调节土壤 pH 值，提高土壤的盐基饱和度，增强土壤保水性能，提高土壤孔隙度和通气性，促进土壤团聚体的形成，从而改善土壤物理化学性质；可以有效防止土壤养分淋滤流失，达到保肥效果；含有丰富的矿物元素，可有效改善稻田土壤矿物营养。

将水稻秸秆在 350～450℃条件下热解炭化成水稻秸秆生物

质炭，用粉碎机粉碎至 70 目。水稻播种前 2 周翻耕土壤，翻耕深度为 15 厘米，施加硫酸钾复合肥 25 千克 / 亩，硫酸钾复合肥中氮：磷：钾 =15：15：15，然后将水稻秸秆生物质炭施于土壤表层，再次翻耕使生物质炭和土壤充分混匀，施用量按重量份计：土壤 1 份，秸秆生物质炭 1 份。在改良的稻田种植水稻时，水稻移栽 10 天后追肥。稻田水分常规管理即可。

第七章 水稻干旱抗御技术

水稻生产过程中水消耗量较大，近些年来，即使在水资源相对丰富的南方稻区，水资源对水稻生产的限制作用也很明显。马欣等（2012）研究表明：自 1951 年有观测记录以来，南方地区频繁爆发季节性干旱危害，特别是西南地区气候暖干化趋势明显，季节性干旱频发、强度规律性上升，干旱造成的农业损失约占历年西南地区全部农业灾害总损失量的 50%～70%。水资源紧缺已成为水稻生产和粮食安全的制约因素。

一、干旱发生特点

（一）西南稻区

此区秋、冬、春连旱，严重的干旱影响水稻播种、苗床管理、移栽、抽穗等各生产环节，使正常的水稻播种面积减少。西南单季稻区包括云南省中北部、四川省西南、贵州省和重庆市大部，稻作期多在 2 月下旬至 10 月中旬，水稻类型垂直分布明显，低海拔以籼稻为主，高海拔以粳稻为主，中间地带籼稻与粳稻混栽。本区域地形以山地、丘陵、盆地为主，属亚热带和温带湿润和半湿润高原季风气候，地理地貌和气候情况都比较复杂，使得该地区季节性干旱频发。西南地区不同季节干旱频率差异大：冬旱发生频率最高，春旱次之，秋旱较低，夏旱最低；干旱强度方面，冬旱强度最大，春旱次之，秋旱较小，夏旱最小；总体而言，干旱发生频率高的地方干旱强度也大。

对于四川盆地东部地区和重庆大部分稻区，夏季三伏天高温少雨会发生伏旱。伏（夏）旱虽不及春旱出现的频率高，但对作物的危害一般较春旱重，所以有春旱不算旱，夏旱减一半的农谚。冯佩芝等研究表明，四川省出现较高的连旱趋势的可能性很高：春旱之后有 45% 的可能发生夏季干旱，而一旦发生夏旱又容易发生伏旱，春、夏、伏三旱相连的频率多达 35%。一般年份云南省至少有一半以上市（县）受到不同程度的干旱，受灾面积占全省 1/2 左右，其中以春旱的波及范围和危害程度最大，对水稻的播种、移栽影响极为恶劣。贵州省以春旱和夏旱最为严重，春旱主要发生在西部地区，全省都易发夏旱。贵州省降水季节差异极大，易发局部暴雨，这种情况不利于水资源的存储和释放，加剧了水旱灾害的危害程度。

季节性干旱对水稻的影响主要表现为缺水育秧、等雨移栽、抽穗开花期高温干旱，常导致迟栽减产、抽穗开花期高温不实等。有效的预防措施：对春旱、夏旱以“抗”为主，对伏旱以“避”为主。

（二）黄淮稻麦两熟区

此区降雨年际间差异非常明显，缺水年份占到 1/3 以上，尤其是在水稻移栽前后降雨量少，培育水稻早期抗旱性十分重要。稻麦两熟区的江苏淮北赣榆县在 1957—2004 年水稻生长季平均降水量为 690 毫米，最低 311.3 毫米，最高 1 203.3 毫米，年际间差异非常明显。若按淮北稻田最低需水量 840 毫米的标准衡量，则有 39 年降水量达不到需水标准，约占调查年份的 5/6。其中，有近 10 年在 6～10 月份降水量不足 500 毫米，缺水较为严重。江苏淮河以南的淮安，缺水情况更为严重。在所调查的 31 年中，水稻生长季节平均降水量、最小降水量以及最大降水量分别为631毫米、327毫米和1 044毫米。若按淮河以南每季最低550毫米的稻田需水量标准衡量，则有10年会遇到稻田缺水的状况，约占调查年份的1/3。2014年水稻生长季节（6～10月份）苏北灌南县和苏中仪征市的降雨量分布主要集中在7～9月份。仪征市的降雨总量高于灌南县，但两地降雨量分布不均，与水稻生长所需水分不匹配。在水稻移栽前后降雨量尤其少，而此时稻田用水量很高。因此，合理用水、培育水稻早期抗旱性十分重要。

（三）南方丘陵稻区

该区降雨量丰富，但暴雨频发，降雨利用率低，水稻生长季节干旱持续时间长。南方丘陵稻区包括湘、赣、鄂、皖、浙等省份，有381个市（县、区）种植水稻，最大特点是降水较充沛但降水季节分布不均，年降雨量1 200～1 900毫米，水稻生育期降雨量为700～1 400毫米。季节性干旱主要出现在7～8月份多雨季节，暴雨过后会出现连续的高温无雨天气，影响早稻的后期灌浆和晚稻的移栽、分蘖。其中，浙江省和湖南省，早稻季节降雨量大多为500～1 200毫米，连作晚稻为540～800毫米，中稻季节的降雨量为500～900毫米，但降雨量一年之中甚至一个季节之中分布极为不均，经常出现稻田需要水的时候没有水，但遇雨就是暴雨。以湖南岳阳的华容和浙江杭州富阳为例：华容2013年3～10月份降雨量达965毫米，其中6月6日一天降雨量达109.6毫米，但从7月8日至8月17日正值早稻收获，而属于晚稻移栽、分蘖阶段，只有7月21日降雨23.9毫米；富阳在3～10月份降雨量达1 242.3毫米，其中10月7日降雨量一天达196毫米，但从7月1日～8月18日正值单季晚稻移栽、分蘖，单季稻分蘖孕穗期，此阶段只有6天降了零星小雨，合计降雨量只有10.7毫米，不仅造成水稻干旱，而且发生了水稻涝灾。

二、抗御干旱技术

（一）间歇灌溉

此法为我国北方及南方的湖北、安徽、浙江等省采用的灌溉模式。该模式的田间水分标准是返青期保持20～60毫米水层，分蘖后期晒田（晒田方法为浅、湿、晒模式），黄熟落干，其余时间采取浅水层、露田（无水层）相结合的灌溉方式。依据稻区不同的土壤、地下水位、气候条件和水稻生育阶段，灌溉方式可分为重度间歇淹水和轻度间歇淹水。重度间歇淹水，一般每7～9天灌水一次，每次灌水50～70毫米，使田面形成20～40毫米水层，自然落干，有水层4～5天，无水层3～4天，反复交替，灌前土壤含水量不低于田间持水量的85%～90%。轻度间歇淹水，一般每4～6天灌水一次，每次灌水30～50毫米，使田面形成15～20毫米水层，有水层2～3天，无水层2～3天，灌前土壤含水量不低于田间持水量的90%～95%，这种轻度间歇淹水方式，接近于湿润灌溉。

浙江省推广的薄露灌溉与轻度间歇淹水的模式类似。薄露灌溉是一种稻田灌溉薄水层并适时落干露田的灌溉技术。“薄”是指灌溉水层要薄，一般为20毫米以下；“露”是指田面表土要经常露出来，土表水正常落干。重度间歇淹水和轻度间歇淹水的差异主要是灌溉的间歇时间长短不同，灌溉量不同和土壤水分下限不同。

间歇灌溉的特点是有一个明确的无水层过程，无水层的天数应根据生育时期和气候确定。这种灌溉方法与浅湿干灌溉方法的差异为间歇灌溉有无水层过程，灌前土壤水分下限比较低。

（二）好气灌溉

该法是根据水稻根系生长发育的规律、现代水稻品种的生长和产量形成的特点，以及水稻生长不同生育时期对水分的敏感性提出的，并经多年多点多品种的试验和示范形成的水稻节水与高产结合的节水灌溉模式。此法在水稻分蘖期和穗分化到开花期这两个水稻根系形成的主要时期，通过浅湿干水分管理促进分蘖和根系的产生；中期通过浅湿管理，控制叶片长度，改善叶片形态，实施“三水三湿一干”水分管理模式，即“寸水插秧，寸水施肥除草治虫，寸水孕穗开花，湿润水分蘖，湿润水幼穗分化，湿润水灌浆结实，够苗排水干田控蘖”的水分管理方法。好气灌溉结合湿润耕田、浅水耙平地面，大田采用水层灌溉与干湿管理结合的水分管理方式，干湿的天数根据生长时期和气候状况确定，一般 3～7 天。此法可提高土壤氧化还原水平和水稻生育早期白天土壤表层温度，促进分蘖及根系发生和生长，提高根系活力，控制植株中上部叶片不过长，构建理想株型。

（三）“三旱”水分管理

该法包括旱育秧、旱整地和大田旱管理三个部分。旱育秧畦面小漫灌或挑水泼透，直到 3 叶期遇旱再灌水；旱整地是在前茬作物收获后用机械灭草、整平稻田，再灌水耙平地面即可插秧；大田旱管理具体做法是水插秧，插秧后 3 天灌一次水，连灌两次，到返青后保持土壤湿润，此期间若间隔 7～10 天不降雨则灌水，每次每亩灌水 30 米^3，抽穗后灌 2～3 次，大田共灌 6～8 次，大旱之年灌 10 次。这种模式适合于山东春旱夏有雨的气候规律。

（四）水稻旱种

即在旱地状况下直播，苗期旱长、中后期利用雨水和适当灌溉以满足稻株需水要求的种稻方法。水稻旱种与旱稻不同，我国水稻旱种的稻田主要是原来即为水稻田，且有灌溉条件。水稻旱种按照水稻旱播后的灌溉模式分为旱种水管和旱种旱管。

1. 旱种水管　指水稻播种、出苗，经过一段时间的旱长后，按照常规水稻淹灌或浅湿灌溉的模式进行中后期田间水分管理。其稻田生态特点表现为水分状况由旱田状态转化到水田状态，水分胁迫程度较小。这种类型的水稻旱种主要是分布在降雨量和灌溉条件相对较好的地区或田块。

2. 旱种旱管　指水稻播种出苗后，像旱作物（小麦、玉米等）一样，按照定期的湿润灌溉模式进行田间水分管理。其稻田生态特点表现为水分状况一直是旱田状态，但在水稻水分敏感时期，如分蘖、穗分化、抽穗、灌浆等时期，若降雨少，土壤干旱，则适当灌溉，确保水稻正常生长。灌溉的次数和灌溉量依气候和生长时期不同，一般每次每亩灌水 20～30 米^3，整个生育期灌溉 3～5 次。这种类型的水稻旱种在有些地方被称为水稻旱作，主要是分布在降雨量很少和灌溉条件相对较差的地区或田块。

（五）水稻覆盖栽培

指水稻直播或育苗移栽至有地膜或秸秆覆盖的旱田或湿润稻田上，然后在非淹水条件下实行旱管或湿润管理的一种水稻覆盖栽培方法。水稻覆盖栽培主要以移栽水稻为主，覆盖的材料有秸秆和地膜两种，种植方法根据覆盖材料的不同而不同。用地膜覆盖的，在覆盖后打孔移栽；施肥以基肥为主，在地膜覆盖前施下；直播水稻主要是条播，应用相对较少。用秸秆覆盖的，可在移栽前或移栽后覆盖，秸秆覆盖不宜太厚，不然影响水稻前期分蘖生长。水稻覆盖栽培不仅能蓄水保墒，有效节水，而且可以保持和提高地温，防御低温冷害，促进水稻早发快长，减少土壤水分蒸发量，同时还能防止水土流失，减少土壤养分损失。

（六）水稻旱育秧

指利用旱地或水稻田作旱苗床培育水稻秧苗，从播种到拔秧整个育秧期间苗床保持湿润即可。该法节省秧田，可减少秧苗生长期间用水量。我国发展了与旱育秧配套的水稻旱育稀植技术，该技术是采用旱作苗床培育秧苗，宽行窄距稀植配套的一项高产栽培技术。它具有省水、省工、省种、省秧田、节本、增产、增收等优点。一般比常规栽培节省秧田用水30%、省种30%、省秧田50%以上、亩增产10%～15%。

水稻旱育秧要求苗床肥沃、疏松、深厚，土壤偏酸，排水方便、弱酸性至中性的菜园地或旱地做旱育苗床，畦面精翻、细耕整平。苗床要求土层细碎、松软、平整、肥沃。苗床一般在1～1.2米，沟宽30厘米、沟深20厘米。秧本比根据地区和秧龄等因素确定。南方地区苗龄7～8叶，每亩大田准备苗床35～40米^2；苗龄5～6叶，苗床为25～30米^2；苗龄3～4叶，苗床为15～20米^2。北方地区一般为小苗，每亩大田准备苗床10～15米^2。

水稻旱育秧秧田土壤需要调整酸度，以防立枯病的发生，促进秧苗生长。但有的地区由于土壤本身的pH值在6以下，这种地区不需要土壤调酸，如浙江仙居。在土壤pH值＞6时，应进行土壤调酸，并用杀菌剂进行土壤消毒，以防立枯病的发生。可使用水稻旱育秧壮秧剂进行土壤调酸。播种量依据秧龄而定，一般常规稻旱育中的小苗移栽，播种量每平方米100～250克，杂交稻每平方米30～70克。壮秧剂和基肥在播种前1～2天施于表土层中，并与表土混合。播种前要浇足底墒水，使5厘米的土层处于水饱和状态。播种前，种子应预先发芽处理。种子播好后应镇压、覆盖（肥沃细土），再喷洒一次透水。若有露土的种子，则应再用细土覆盖，以不露种子为适宜。之后，喷施除草剂以防治苗期杂草。可以根据需要搭架盖膜。播种后可以根据需要搭架，用薄膜或遮阳网覆盖。

出苗前保温保湿，土不干白不喷水，促进秧苗根系下扎和地上部健壮生长。若遇久旱天气，秧苗出现明显脱水现象（如卷叶），则应及时于傍晚或早晨补洒水分。齐苗到1叶1心期调温控湿，膜内温度控制在25℃以内。1叶1心期喷施300毫克/升的15%多效唑可湿性粉剂，促进秧苗分蘖和矮壮。1叶1心期后逐步通风炼苗，2 叶 1 心期施断奶肥，并且每平方米用 70% 敌磺钠可湿性粉剂 600 倍液喷雾防立枯病。断奶肥一般每平方米施尿素 10～15 克。移栽前 3～4 天施送嫁肥，一般每平方米施尿素 10～15 克或复合肥 15～20 克。注意防治鼠害，特别注意防治稻蓟马等害虫的危害，可选用吡虫啉等农药防治。

水稻旱育稀植技术是结合旱育秧进行适当稀植，采用人工栽插或插秧机栽插。插秧要求为浅插、宽行、株少、稀植。常规稻栽插的密度，移栽规格早晚稻及常规稻，秧苗叶龄 4～5 叶，行株距为 25 厘米 × 13.3 厘米或 20 厘米 × 16.7 厘米，每亩常规稻插 2 万丛，每穴 3～4 苗。杂交稻密度可适当减少，每亩插 1.5 万～2 万穴，每穴 1～2 苗。一季稻移栽规格为（25～30）厘米 ×（13.3～20）厘米，每亩插 1 万～1.5 万穴，每穴苗数常规稻 3～4 苗，杂交稻 1～2 苗。

（七）水肥耦合抗旱减灾技术

以双季稻为研究对象，建立不同灌溉方式与不同施肥方式组合的长期定位研究，通过系统观测水稻全生育期灌水量、排水量、降雨量、蒸发量、耗水量、肥料施用量等指标，研究水肥耦合对水稻生育期、产量、水分利用效率、肥料产出率等的影响。通过不同灌溉方式与不同施肥方式结合的比较研究，探索以肥调水、水肥耦合的最佳节水灌溉施肥技术，达到抗御稻田季节性干旱的目的。不同水肥耦合方式对同一品种的生育期均无显著影响，晚稻耗水量显著大于早稻。同一施肥方式下不同灌溉方式对早稻田面蒸发量、叶面蒸发量及耗水量均表现为浅灌深蓄大于薄浅湿晒，薄浅湿晒大于湿润灌溉，对晚稻耗水量无显著影响；在湿润灌溉 + 减施化肥增施有机肥处理的耦合方式下耗水量最低，说明通过薄露、湿润等节水灌溉措施，并结合适量施用有机肥，可相应减少水稻耗水量，并有利于提高肥料利用率。

（八）水稻抗旱减灾高产高效种植模式

通过研究与优化稻田不同农作物种植模式，对不同种植模式下各作物生育期及茬口搭配、周年作物产量与经济效益、不同种植模式下早、晚稻光合特性及产量性状的研究，分析不同种植模式下作物的产量，选择最适茬口期搭配模式，使自然降水最优分配到水稻关键生育期，充分发挥自然降水和节水灌溉的增产潜力，构建适于稻田区域特点的干旱防控高产高效种植模式与关键技术。与冬闲－双季稻模式比较，冬季不同种植模式对早、晚稻产量有一定影响，紫云英、黑麦草模式因其茎叶还田，改善了土壤结构、增加了土壤有机质、提高了土壤肥力，所以其双季稻产量均高于对照；油菜、裸大麦因生育期偏迟，对早稻产量造成了一定影响，但全年折谷产量与产值均显著高于对照冬闲－双季稻模式；从不同种植模式全年产值比较，马铃薯－双季稻模式产值最高，由于选用了较早熟的马铃薯品种“中薯 5 号”，实现了品种突破，解决了双季稻三熟茬口衔接紧张的矛盾，不会影响双季稻生长，同时通过马铃薯茎叶还田提高了土壤肥力，是一种值得推广的干旱防控高产高效种植模式（表 7–1）。

表 7–1　不同种植模式周年作物产量及经济效益

种植模式	冬作物亩产量（千克）	亩产值（元）	早稻亩产量（千克）	亩产值（元）	晚稻亩产量（千克）	亩产值（元）	合计产量（千克）	总产值（元）
冬闲－双季稻	0	0	464.5	1207.6	486.5	1264.9	951	2472.5
紫云英－双季稻	2722.4	0	522.3	1357.9	546.5	1420.9	1068.8	2778.8
黑麦草－双季稻	2300.2	0	535.6	1392.5	529.1	1375.7	1064.7	2768.2

续表

种植模式	冬作物亩产量（千克）	亩产值（元）	早稻亩产量（千克）	亩产值（元）	晚稻亩产量（千克）	亩产值（元）	合计产量（千克）	总产值（元）
芥菜－双季稻	2315.7	1157.8	505.6	1314.5	522.8	1359.2	3344.1	3831.5
马铃薯－双季稻	1867.5	1494.0	478.9	1245.2	548.0	1424.8	2894.4	4164.0
裸大麦－双季稻	347.2	902.8	463.4	1204.7	506.5	1316.8	1317.1	3424.3
油菜－双季稻	124.9	649.2	468.9	1219.2	518.1	1346.9	1111.9	3215.3

注：参考市场价格，大麦、马铃薯、油菜按与稻谷比为 1∶1、3.25、0.5 折谷计算总产量，稻谷、大麦按 2.6 元 / 千克、马铃薯按 0.8 元 / 千克、油菜按 5.2 元 / 千克的价格计算，紫云英、黑麦草不计产值。

（九）稻田垄畦沟蓄避旱减灾技术

南方稻区暴雨过后干旱严重，可通过开垄畦沟蓄水来避旱。这是一种低成本的有效抗旱方法，与长期灌溉相比，可以提高水稻产量 1.3%～9.3%。针对山区的干旱特点，研发小型稻田开沟机，可以实现稻田垄畦沟蓄，减轻劳动力（表 7–2、图 7–1）的目的。

表 7–2　不同灌溉方式对水稻产量的影响

季节	处　理	灌水量（米³/亩）	排水量（米³/亩）	降雨量（米³/亩）	耗水量（米³/亩）	有效穗（万穗/亩）	每穗总粒数	结实率（%）	千粒重（克）	亩产量（千克）
早稻	长期灌溉	100.2	85.3	198.9	213.8a	29.8a	107.1a	82.4a	24.0a	630.2a
	垄畦沟灌	14.0	108.7		104.2b	27.2b	109.6a	88.9a	24.1a	638.5a
晚稻	长期灌溉	322.0	58.2	183.4	447.2a	26.8b	76.4a	76.4a	26.0a	407.5b
	垄畦沟灌	88.1	35.2		236.3b	29.6a	74.5b	74.5b	26.2a	445.9a

图 7–1　开沟机作业

三、应用前景

“三旱”水分管理和水稻旱种主要在北方稻区和部分丘陵山区，水资源十分紧张，与同季节种植的其他作物相比，水稻经济价值较高的地区应用。应用中需注意多年连作出现的水稻产量下降现象，即连作障碍。水稻旱育秧技术经我国南北稻区的几十年试验和大面积应用，发现节水增产效果明显，技术也比较成熟，现在全国每年推广面积达上亿万亩。此方法在有条件的地区值得大力发展。水稻覆盖栽培作业比较复杂，应用地膜覆盖对环境的不良影响较大，且地膜覆盖栽培还出现土壤有机质和肥力下降等土壤退化现象，水稻会早衰。但生物可降解膜覆盖或秸秆覆盖栽培有利于恢复和改善土壤地力，需要注意的是秸秆覆盖的时间和厚度，覆盖过早和过厚，将降低早期分蘖的出现，影响水稻产量。因此，水稻覆盖栽培一般只在水资源十分紧张的地区，或通过覆盖减少病虫草害及肥料流失、生产优质米的地区进行。不同干旱地区采用何种水分灌溉技术，应根据土壤质地与肥力、地势、气候条件、水源条件、水稻品种类型和季节选择确定。

第八章

水稻低温冷害防控技术

水稻低温冷害是指水稻生长发育期间出现临界温度以下的低温，使水稻的生理活动受阻，导致发育延迟，或使生殖器官受损而导致减产的一种农业气象灾害。稻种植区内极端温度事件频发，冷害已成为水稻面临的主要气象灾害之一，特别是一些贫困地区，低温灾害的发生更为严重。

一、低温冷害特点

（一）东北水稻冷害

此稻区冷害主要是延迟型冷害、障碍型冷害和混合型冷害 3 种。

1. 延迟型冷害 指水稻生育期间遇较长时间 0℃以上相对低温，使水稻生育期明显延迟，不能正常成熟而减产的一种冷害类型。该类型冷害一般是由营养生长期的低温使抽穗期延迟而产生的，也有抽穗期虽未延迟，却在结实期遇到异常低温，而使灌浆成熟不良的现象。其主要后果是稻株的出叶速度减慢，株高、叶龄指数、总根数、根长和有效分蘖数降低，叶色变淡，有效分蘖终止期和最高分蘖期延迟。试验表明，营养生长期的温度制约抽穗期的早晚，抽穗的临界温度是 17～18℃，气温在临界点以下，每降低 1℃，抽穗期延迟 10 天左右，低温延缓幼穗分化始期以

至延迟抽穗，影响水稻成熟和产量。

2. 障碍型冷害 指在水稻孕穗期和抽穗开花期遇到短时间的0℃以上、14℃以下最低气温，使水稻幼穗发育、授粉与灌浆受到障碍，形成空秕粒而减产的一种冷害类型。试验表明，孕穗期的临界温度为18℃，其受害程度与抽穗前10天的平均气温有关。气温每降低1℃，结实率下降6.27%。低温将减少每穗枝梗的分化数和粒数，并发生大量的不孕粒。开花期临界温度为20℃，抽穗开花期若遇低温，则将使花粉活率下降，花药不开裂，影响正常受精，空秕率明显增加。灌浆期临界温度为18℃，低于18℃将减慢籽粒干物质的灌浆速度，籽粒不能完好成熟。

3. 混合型冷害 混合型冷害是指在一年中，延迟型冷害和障碍型冷害同时发生，导致根、茎、叶的生长发育和分蘖延迟、穗分化迟缓，抽穗延迟，降低产量。

（二）南方水稻冷害

主要是由倒春寒和寒露风引起的延迟型冷害。倒春寒是指在南方双季早稻地区，春季天气回暖过程中气温不稳定，当日平均气温≤12℃、连阴雨3～5天，或者在短时间内气温急剧下降，且日最低气温≤5℃，对早稻播种和秧苗生长造成损伤的一种冷害。寒露风是指南方地区双季晚稻抽穗扬花期，北方冷空气频繁南下，出现连续3天以上日平均气温≤22℃，并伴随有大风阴雨天气，使抽穗扬花受阻、空壳率增加的一种灾害性天气。

（三）低温冷害的影响

1. 对水稻营养生长期的影响 水稻秧田期受到低温冷害，可降低其发芽率，叶片褪色，水育秧易发生绵腐病和烂秧；保温湿润育秧和旱育秧则易发生立枯病和青枯病，从而影响后期丰产群体的建立，严重的还会造成死苗，尤其是根系发育不良和徒长的秧苗受害更严重，出现弱小苗和缺苗现象，影响适期插秧。水稻大田营养生长期遇低温冷害，秧苗返青活棵受阻，根系发育不良，植株矮小，分蘖时间延长，且无效分蘖增多，代谢机能紊乱，生育期明显推迟，使水稻抽穗延迟，穗数和粒数减少。低温时间越长，危害越重。在水稻大田生产中分蘖的起始温度一般在16℃以上，特别当温度降至16℃以下时，会引起根数减少和根长伸长受阻。

2. 对水稻生殖生长期的影响　一是可致使雄蕊受害，花粉不能正常成熟。二是花粉发育延迟，以致开花期花药不能正常开裂，不能完成受精作用，导致不育。胡芬对粳稻农林46号观察发现，开花期温度≤27℃时，空壳率明显增高，结实率降至80%以下；当温度≤15℃时，空壳率则比27℃时增加7倍，结实率下降至12.6%。三是水稻灌浆成熟期受低温冷害，使籽粒的灌浆速度下降，籽粒不饱满，米质差。若灌浆初期遇低温冷害，则米粒发育停止，米粒长度减少，甚至形成死米；若灌浆中期遇低温冷害，则会产生乳白米和曝腰米。同一稻穗下部谷粒较上部谷粒、抽穗迟的谷粒较抽穗早的谷粒、第二次枝梗上的谷粒较第一次枝梗上的谷粒灌浆能力弱，所以低温对它们的影响也大。

3. 对水稻品质的影响　稻米品质主要由遗传因子决定，同时受环境生态因子的影响。温、光因子，特别是温度对稻米品质的影响尤为突出，并且低温冷害对稻米品质的影响极为明显。殷延勃等研究认为，日均最低气温对精米率和整精米率具有正向作用。马彬林等研究指出，灌浆结实期日均温低，日温差大，则整精米率高。李林等报道，低温寡照相结合，一般使糙米率和精米率下降1%～3%，整精米率下降5%～10%，严重时可下降10%以上。程方明等研究发现在水稻灌浆结实期低温对稻米垩白的影响因品种不同有较大差异，通过对6种不同品种的研究发现，粳稻品种对低温反应不敏感，而籼稻品种垩白现象在低温下有不同程度的增加。韩龙植等认为，成熟期≤17℃的低温使稻米蛋白质含量降低，灌浆期低温（≤17℃）也降低蛋白质含量。

二、低温冷害防控技术

防御技术措施主要包括工程措施和技术措施。

（一）工程措施

主要包括建立水稻生育期监控系统和灾害性天气预警预报机制、兴修水利、加强农田建设，从种植环境上维护水稻的正常生长发育进而提高其抗逆性能。

（二）技术措施

1. 苗期低温冷害防御

（1）选用耐低温品种 水稻品种间抗冷性存在明显差异，这种差异不仅与水稻原产地生育期温度有关，而且与该品种的生理生化特性有关。一般高原稻的抗冷性高于低海拔的稻种；粳稻较籼稻抗冷。选用耐冷性较强且丰产性较好的水稻品种才能最有效地减轻冷害。①在我国北方稻区可考虑选用东北、日本、朝鲜的早熟抗寒品种作为主栽品种，能保证水稻在安全出穗期前出穗，安全高产。②我国南方稻区可考虑选用浙江、云贵、印尼、国际水稻所及部分日本耐寒稻品种。同时，双季稻要合理搭配品种，在早、晚品种（组合）搭配中坚持早配晚、中配中，晚配中的原则，以确保双季稻不受低温影响。③山地、冷浸低洼田满足不了双季稻的生长需要，可用一季稻代替双季稻，既为前茬让出更长的生育时间，又能避开后期低温冷害。生产上要根据当地水稻育秧期间的低温状况，选用耐低温的水稻品种。

（2）选择适宜播期，采用催芽播种 在育秧期间气温较低、变化较大的地区，要选择在平均气温≥12℃的天气开始播种。根据春季低温阴雨发生规律，选择适宜的安全播种期和移栽期。一般应选择低温将要结束，温暖天气即将来临的时间播种。在气温较低条件下盲谷播种出苗时间长，成秧率很低，所以需要采用催芽播种，不要盲谷播种。浸种达到谷壳隐约可见浅黄白种胚为准，但不能浸种过长。催芽要做到“高温（36～38℃）露白、适温（28～32℃）催根、淋水长芽、低温炼苗”。芽谷达到整齐、壮实，以“芽长半粒谷，根长一粒谷”为标准播种。机插秧机播的则以种子露白为标准播种。

（3）做好秧田保温，提高成秧率　北方稻区早春温度低，提倡大棚育秧，棚膜覆盖，温度过低时采用双膜或三膜覆盖育秧，即在大棚内搭建小拱棚及地膜覆盖在秧板上，也可用草木灰等直接覆盖秧田，保证育秧温度。有条件的地区可采用旱育秧，减轻低温对水稻育苗影响。小拱棚育秧田块要“管好膜、灌好水”，还要防止大风等恶劣天气掀开薄膜。可以用水调温，防止降温而造成烂种烂秧。出苗时保持土壤湿润，出苗后遇低温，浅灌秧脚水。若气温继续下降，适当增加灌水的深度；遇到低温且刮强风时，要抓紧灌“齐腰水”，以防秧苗失水萎蔫。直播的早稻田可采取“日排夜灌”方法，即白天不下雨时田间排干水，利于秧苗扎根，夜间灌水保温。一般南方早稻和北方单季稻育秧需要尼龙薄膜或农用无纺布覆盖保温育秧，可防止因低温造成的出苗率低、烂秧现象，提高成秧率。

（4）芽谷可在室内摊开炼芽，等冷尾暖头播种　播种后刚出苗未现青的芽种，遇长时间低温阴雨天气易出现烂芽烂谷问题。对于已经浸种催芽的芽种，遇到低温时不要播种，应将芽种在室内摊开炼芽，等到冷尾暖头天气来临时再播种，以提高成秧率。

（5）加强秧田管理，培育壮苗　秧苗受冻后发黄，可待气温回升后，根外追施磷酸二氢钾等，提高秧苗素质。低温过后秧田要及时排水追肥，用15%多效唑可湿性粉剂12克加水60升后喷施，以培育壮苗。抓好苗期病害防治，做好立枯病、绵腐病、青枯病和苗瘟等病害的防治，秧苗一旦发现早晨叶尖没有水珠和零星卷叶死苗时，可用50%敌磺钠可湿性粉剂700倍液浇灌，每平方米秧床用药液 1.5 升，可防止烂秧死苗。

（6）直播田要抢时补播补种，确保足够苗数 如果直播稻基本苗数在 3 万～5 万的田块，及时催芽补种。方法：用相同品种在室内浸种催芽，播种后保持田间土壤湿润或建立薄水层，保证一播成苗。基本苗数明显不够的田块，要选择生育期较短的水稻品种重新直播，努力做到田间耕耙整田与室内浸种催芽同步进行，确保及时成熟。对于基本苗 5 万以上，但苗数不足的田块，可以移密补稀，确保匀苗壮苗，促进分蘖成穗。

（7）移栽后加强栽后管理，促进分蘖生长 低温导致成秧率下降，造成秧苗素质下降，无论是秧苗素质差，还是插秧后本田基本苗数不足的田块，都要加强移栽后田块的肥水管理，促进秧苗早发和分蘖生长。施肥上增施有机肥、磷钾肥，促进根系生长，提高水稻的抗寒能力。采用干干湿湿的好气灌溉技术，促进根系和分蘖生长，确保足够茎蘖数成穗。

2. 生育后期水稻低温冷害

（1）合理安排种植制度，选用耐低温品种 根据气候特点，合理安排种植制度，选用适宜生育期的水稻品种及播种移栽期，避开水稻抽穗结实期的低温冷害。

（2）科学施肥，化学调控 在易发生冷害的稻区，增施磷钾肥，促进稻株健壮生长，增强水稻抗性。在冷害比较频繁的地区，要减少后期氮肥用量，防止抽穗推迟。始穗期遇寒露风影响出现包颈现象时可喷施赤霉素，促进抽穗。每亩喷 1～2 克赤霉素，加水 60 升，可加速抽穗进度，提早进入齐穗期 3 天左右，并能降低空秕率，提高结实率。叶面喷施磷酸二氢钾、叶面肥等，减轻低温危害。

（3）采用浅水增温、深水保温措施，防御低温冷害 在水稻开花灌浆期，可以用水调温，白天灌溉浅水，通过日晒增温，夜间灌深水保温。若气温≤17℃，则需灌水深至 10～15 厘米保温，减少幼穗受害程度，降低空秕率。低温过后尽早排水露田，提高地温，降低低温冷害造成的损失。

（4）**井水增温**　东北稻区水稻灌溉时采用井水，水温较低。农户应采用晒水池、喷水等井水增温方法，将井水增温后灌溉稻田。否则会对水稻生长和发育产生不良影响。南方山区稻田，灌溉水温较低，灌溉水需要经过沟渠晒水增温再灌溉稻田。

第九章 水稻高温热害缓解技术

高温热害是指环境温度超过水稻适宜温度的上限，对水稻的生长发育造成危害，从而导致产量降低的自然灾害。水稻对高温胁迫的敏感程度因生长阶段而异：开花期最敏感，灌浆期次之，营养生长期最小。我国长江中下游稻作区属于亚热带和暖温带的过渡带，区域气候环境复杂，易发生极端高温天气。长江中下游地区在夏季7～8月份受副热带高压控制，频繁遇持续性高温天气，加之种植区地处河谷山间盆地，致使水稻敏感期内遭遇极端高温的概率较大，热害风险较高。

一、热害特点

长江流域水稻产量占全国的70%，该区域根据水稻播期或品种属性，一般分为早稻、中稻、晚稻或一季稻。高温热害主要发生在水稻的孕穗到抽穗阶段。从孕穗到抽穗所处时段来看，早稻热害多发生于6月份，中稻多发生于7月中旬至8月中旬，晚稻多发生于8月底至9月上中旬。一季稻或中稻更易遭受较严重的高温热害。高温天气的来袭时段和水稻生殖生长期叠合会影响水稻开花和受精，造成颖花不育，结实率和产量下降，同时还影响稻米外观和加工品质。大多数水稻热害发生在抽穗扬花期，但因地理和栽培习惯不同也有所差异。

二、热害缓解技术

（一）选用耐高温水稻品种

水稻品种多，开花结实的耐高温能力存在差异。选用耐高温品种是减轻高温灾害的有效途径。根据品种的耐高温能力、适应性和丰产性，结合各稻区出现极端高温的状况，加强针对性稻区和季节的耐高温水稻品种的选育。一般籼稻比粳稻高温耐性要强，Ⅱ系杂交稻的高温耐性相对其他较强。一般情况下，杂交稻的穗期抗高温特性比常规稻要差，所以稻农应特别注意，不能盲目引种，以免因不适应当地气候而遭受高温热害造成不必要的损失。

（二）适期播种

选择适宜的播栽期，调节开花期，避开孕穗、抽穗期高温。要根据品种特性，预测生育期与花期的气候条件，适当早播或晚播，避免花期与高温相遇，以缓解高温的伤害，提高结实率，稳定水稻产量。长江流域地区为避开花期高温，双季早稻应选用中熟早籼品种，适当早播，使开花期在6月下旬至7月初完成，而中稻可选用中、晚熟品种，适当延迟播期，使籼稻开花期在8月下旬结束，粳稻开花期在8月下旬至9月上旬结束，这样可以避免或减轻夏季高温危害。根据这一原则，栽培学家早已研究制定了不同类型的水稻品种在江苏省各地适宜播栽期的确定方法。如《江苏稻作科学》明确指出，江苏省徐淮地区籼粳稻的理想抽穗期为8月15～25日，江淮之间的理想抽穗期为8月15～31日，苏南地区的理想抽穗期为8月20～31日。

（三）加强田间管理

促管抗逆，注重日常的田间管理，做到健身栽培、科学管理肥水，提高稻株对高温等不利环境的抗性。科学施肥，增强水稻的抗高温能力。氮磷钾配施，氮肥施用过多会使稻株碳水化合物过度消耗，导致抗高温能力下降，增施磷钾肥能促根、壮秆、畅流（物质运转畅通），有效提高水稻抗高温能力。施好穗肥，巩固穗粒数，增加颖花数量，减少颖花退化，增大颖壳，减少空秕粒，增加粒重。科学管水，在高温条件下，通过灌溉使稻田保持一层水层，既能降温，又能显著提高结实率。防控病虫，高温为病虫危害发生的适宜时期，因此应加强病虫防控，降低病虫对水稻的危害程度。

（四）应急措施

在不可避免地遇到高温危害时，应采取积极的应对措施：①及时灌深水，调节田间小气候，提高湿度、降低温度，可部分缓解高温危害。②在水稻叶面上喷水，以降低穗层温度。③根外喷肥，叶面喷施 3% 的过磷酸钙或 0.2% 的磷酸二氢钾溶液，外加叶面营养液肥，以增强水稻植株对高温的抗性。④追施粒肥，对孕穗期受热害较轻的田块，于破口期前后施尿素 30～45 千克 / 公顷，以促进植株正常灌浆结实。如果热害非常严重，结实率在 20% 以下，可考虑割穗蓄留再生苗。

（五）其　他

①搞好农田基本建设，为水稻健身栽培提供良好水利条件和土壤肥力条件。②建立灾害性天气预警报机制和水稻生育期监控系统，及时掌握和预报灾害性天气的发生和水稻生长发育进度，实现农业生产灾害和水稻生长发育进度提前预报，这是减轻水稻发生低温冷害和高温热害的必要措施。③加强种子管理。在种子管理方面，首先品种审定时要考虑其耐热特性，要将抗逆性、稳产性作为重要指标。其次，要加强主推品种的筛选和推介。

第十章

水稻洪涝灾害缓解技术

长江中下游多处于稻区河流多、湖泊多、地势低的生态环境中，该地年降雨量高达2000毫米，且大多集中在水稻生长关键季节的6～7月份，易引发水稻洪涝灾害。仅2010年全国水稻因洪涝受灾面积达5000万亩，其中1000万亩水稻绝收，造成直接产量损失达50亿千克。洪涝严重威胁地区的粮食安全和农民增收。

水稻洪涝灾害比较严重的省份主要是江西、湖北、湖南、四川、安徽及浙江等地。其中，近70年来，江西省大约每3～4年出现一次较大的洪涝灾害。常年水稻受淹500万亩，重灾年则达1000万亩。湖北省每年都有不同程度洪涝灾害，其中2010年农作物受灾面积2499万亩、成灾1413万亩、绝收437万亩。四川省平均每两年发生一次洪涝灾害，平均每次农作物受灾面积420万亩，水稻受灾140万亩，受灾造成减产约10%。

一、灾害特点

水稻在受淹情况下，不但会发生倒伏，而且因土壤湿度过大、通气不良，地温降低，生理活动也会受到极大影响，甚至死亡。洪涝在水稻的一生中均可发生，稻株大多在2～10天内淹没：不同类型水稻品种的耐涝性不同，除主要表现在茎蘖成活率和根系状况方面外，还表现在出水后的恢复性能方面。水稻受灾情况还与受淹前的苗体素质，土壤肥力和水质、水深等状况有关。水稻在苗期受淹 8～10 天，叶片均干枯，但可恢复生长。淹水时间越长，死苗越多。出水后秧苗变矮，分蘖数少，基茎变窄，黑根增多。一般秧龄长的秧苗成活率高，秧田氮肥施用多的成活率低；边秧成活率高于田中秧，退水后边秧倒伏少，且较田中秧生长健壮。水稻在分蘖至拔节期受淹时，生育进程几乎停止，出水后株高变矮；高位分蘖出生增多，成穗的比重增大；抽穗期拉长，生育期推迟。孕穗期淹没 2 天以上会出现畸形穗花，其受害程度随淹水时间和浸水深度、受淹部位而不同，受淹 4 天以上、没顶的比未没顶的减产严重，且水温高的比低的受害重。结实期淹水，土壤通气不良，影响根系生长，粒重减少。

二、洪涝缓解技术

（一）开沟排水缓解技术

为防治涝渍灾害，须开挖稻田围沟、腰沟与丰产沟。围沟深 30 厘米、宽 20～25 厘米；腰沟与丰产沟的沟深为 18～20 厘米，沟宽 20～25 厘米，每 5～8 米开挖一条丰产沟。根据农田排水工程技术规范（SL/T 4-2013）的要求，水稻淹灌期使田面水位与农沟水面应有一定的水位差，使适宜渗漏率保持在 2～8 毫米 / 天，以防出现渍害。强降水发生前，要清除稻田围沟、腰沟与丰产沟中的碎土，使沟沟相连、排水通畅。苗期遭遇雨涝，应迅速排除涝水，使水稻植株尽快露出水面，控制水层深度。雨后排涝若遇到烈日高温天气，为防止植株萎蔫倒伏甚至死亡，则田间可保持 10 厘米左右水层，下午 4 时后再排水露田，翌日早晨再重新灌浅水。因强降水导致较重涝渍灾害时，须采取以下控制性措施。

第一，降雨间歇或涝水排出不畅时，疏通田内围沟、腰沟与丰产沟，抢排田间涝水。必要时启动排水设施，降低支沟、斗沟和农沟水位。

第二，雨后涝水尚未完全排除时，要看天气情况酌情排水。涝后立即组织人力，集中一切排水设备，进行排水抢救。先排高田，争取让苗尖尽早露出水面，减少其受淹天数，减轻损失。但在排水时应注意，高温烈日期间不能一次性将水排干，必须保留适当水层，使稻苗逐渐恢复生机，否则容易枯萎，反而加重损失；但在阴雨天，可将水一次性排干，有利于秧苗恢复生长。若稻苗受淹后，披叶很少，植株生长尚健壮，田面浮泥较多，也可排干搁田，以防翻根倒伏。

第三，排水露田，增温、通气，恢复稻株根系活力，并增加新根的发生量。

第四，在排水的同时注意清除飘浮杂物，用喷雾器洗去稻株上的泥沙杂物，恢复其光合作用。受涝秧苗在退水时，要随之捞去漂浮物，可减少稻苗压伤和苗叶腐烂现象。同时，在退水刚落苗尖时要进行洗苗，可用竹竿来回振荡，洗去黏污茎叶的泥沙，有助于稻苗恢复生机。一般在水质混浊、泥沙多的地区容易积沙压伤秧苗，若秧苗处于分蘖期和幼穗分化前期，则可随退水方向泼水洗苗，结合清除烂叶、黄叶。

（二）淹涝快速恢复技术

水稻受淹后，主茎与分蘖（特别是高节位分蘖）的发育进程差异很大。对水分的要求也不一样，除对刚出水的稻田要求开沟露田外，以后各时期均应采取湿润间隙灌溉的方法，协调水稻穗分化、孕穗、抽穗、灌浆等各个时期对水分的要求，避免人为断水影响结实率和千粒重。但若抽穗期遇低温，则应灌深水护苗；灌浆结实后期应注意避免断水过早。分蘖期主要防治纹枯病、苗叶瘟、细菌性斑病、条纹叶枯病，以及稻蓟马、二化螟、稻纵卷

叶螟、稻飞虱、稻田杂草等病虫草害。

1. 轻露田、补肥促恢复 排水后稻苗恢复生机，即进行一次轻露田，以增强土壤透气性和根系活力，轻露田后建立浅水层，并根据前期施肥和淹水情况，按照“早、少、平衡”的原则，及时补施恢复肥。“早”即在排水露田后及早补施一次恢复肥；“少”即不宜一次重施，坚持“少量多次”施；“平衡”即氮、磷、钾、硅、锌配合施用。对长势较差、受淹严重的田块，可在出水后5～7天再施一次恢复肥。每次亩用尿素5千克左右，配合施用复合（混）肥。排水露田后，还可喷施叶面肥，促进叶、蘖、根快长。

2. 加强病虫害防治 受淹水稻补肥恢复生长后，长出的叶、蘖、茎比较嫩绿，易遭虫害。而稻苗受淹后，叶片易损伤，枯叶较多，纹枯病和稻瘟病发生概率增加，生产上可每亩用20～30克75%三环唑可湿性粉剂等进行防治。同时，各地要密切关注病虫害发生动态，根据植保情报科学施药防治，控制虫害、草害，切实减轻危害。

3. 针对不同生育时期淹涝特点，采取相应措施

第一，秧苗期遭遇涝害后，首先确定淹涝后的田块是否还具有保留价值。在秧苗受淹经济临界抢救时间内（即连续受淹4天以内），应将其全部保留。部分淹没和间隙淹没的田块，一般比全淹没要轻，如果不是被冲毁，那么一般都可以保留下来；超过秧苗受淹经济临界抢救时间，则应及时放弃，重播水稻种子。

第二，对保留下来的田块，一是及时清洗秧苗。退水时用齿耙随水流方向结合洗苗疏去死叶、死苗，梳洗时间选择在秧苗刚刚露尖时为好，若在水退至秧苗一半高度时梳洗，则退水后秧苗倒伏率高，恢复生长明显减慢。二是适当控制水层。受淹后的秧苗，茎叶柔嫩，根系变黄或发黑，生活力很弱。退水时晚稻秧苗易遇到烈日高温危害，为防止刚露水的秧苗萎蔫倒伏甚至死亡，可保持10～13厘米水层，下午4时后再排水露田，翌日早晨再重新灌浅水护苗。三是及时增施肥料。排水后，以露田浅灌水为主，每亩秧田撒施尿素 2～3 千克，促进秧苗尽早恢复生机和白根生长，提高秧苗成活率。

第三，对抢救出的尚未栽插的秧苗要加强管理，并抓紧时间抢栽，防止秧苗窜高、苗质下降。在充分用好剩余秧苗的基础上，对预计 12 天内不能出水的稻田要抓紧育秧重新栽插或直播，宜选用生育期 130～135 天的早熟中粳类型品种，直播稻最迟在 7 月 15 日前播种。重栽的机插秧要根据栽插的早晚适当增加每穴苗数至 5～7 苗，亩基本苗 8 万～12 万；直播的应采用水直播方式，在平田、开沟后，亩用种 6～7.5 千克。重新播栽的田块，若前期已施肥的，则可根据前期施肥情况，在推荐用肥量的基础上，适当减少分蘖肥用量，但时间上要提前。

第四，分蘖期稻株生长旺盛，根系和通气组织发达，茎叶贮藏养分多，植株抗病、抗倒伏性较强。在水稻受淹临界经济抢救时间内（即连续受淹 5 天以内），或部分受淹（1/2～2/3）在 15 天以内的稻田和间隙淹没的田块，一般比全淹没的受害要轻，都可以保留下来；否则应放弃，尽早翻耕改种。

第五，分蘖期至拔节期涝渍，查苗补缺。一是尽快抢排积水，及时疏通排水系统，尽早减轻灾害损失。受灾的稻田如果在阴天，那么可采取一次性排水；如果遇烈日高温天气，那么应先使稻株上部露出水面，再在下午排掉稻田积水，防止水稻失水性青枯。排水时还应注意清除漂浮杂物，以减少稻苗压伤和稻叶腐烂。二是及时洗苗扶苗。退水时顺着水流方向及时洗苗，扶苗时要小心，避免断根伤叶，使其较快地恢复生理功能。三是及时增施肥料。由于洪涝灾害使田间肥料流失严重，露田浅灌水后，处在分蘖期的水稻田，每亩施尿素 5 千克或 45%三元复合肥 10～15 千克，促进其尽早恢复生机。四是加强病虫害尤其是“两迁”害虫的防治。稻株恢复后每亩立即用 15 毫升 30%苯醚甲环唑·丙环唑乳油加水 50 升后均匀喷雾，可防治纹枯病等病害。

第六，受涝后要逐田检查，若发现缺株，则要立即补齐。补苗方法：一是分株，在未受涝或涝害较轻的田里，在生长良好、正在分蘖的稻株上分出部分移栽到缺苗的田中。二是移苗补田，如果缺苗严重，那么可将几块田里的稻苗移到一块田里，空出的田块改种其他作物。

第七，孕穗期营养生长和生殖生长同步进行。稻株此时生长迅速，群体和个体大，植株荫蔽，非常适合病虫繁衍。齐穗期以生殖生长为主，不再分蘖，开花对外界环境如降雨、温度等敏感。乳熟期以生殖生长为主，稻株生长旺盛，对肥料需求量大，抗性较强。在水稻受淹经济临界抢救时间内的应全部保留，即对处于孕穗期、齐穗期和乳熟期持续受淹 2.5 天、4 天和 5 天内的全部保留。若能在 8 月 10 日以前收割，则可以蓄留次生分蘖的选择保留；在水稻受淹临界经济抢救时间外的应尽早翻耕改种。对保留下来的水稻田块，退水后，应立即疏通沟渠，将田水排干，促进土壤和根系通气。若日照太强，则应间歇排水或傍晚排水，防止稻株失水青枯死苗。清理稻株上的泥灰等杂物，倒伏严重的应扶苗扎绑，使之竖立，增加通风透光，降低湿度；倒伏不严重的，不必扶苗，但需洗苗。受淹后的水稻养分流失严重，必须及时补充营养，有助于挽回灾害损失。孕穗期和齐穗期要增施钾肥，加强健身栽培；每亩施氯化钾 7.5～10 千克或新鲜草木灰 75 千克，促进稻株健壮生长，减少病害发生。乳熟期受淹应喷施磷酸二氢钾等叶面肥促使茎叶功能恢复。

加强灾后病虫综合防治：一是混合用药，防治水稻穗颈瘟和纹枯病，在水稻破口期和齐穗期各施药一次。每亩用 20 克 75% 三环唑可湿性粉剂或 50 克 2% 春雷霉素可湿性粉剂 ＋30% 苯醚甲环唑 · 丙环唑喷雾防治。二是及时防治水稻细菌性基腐病、条斑病及白叶枯病。对发病田块立即施药防治，7 天后再一次施药，连续喷施 2～3 次。每亩用 20% 噻菌铜胶悬剂 100～120 克，或 20% 叶枯唑可湿性粉剂 100～120 克，加水 30 升后喷雾防治。

三是适时开展稻飞虱和稻纵卷叶螟的防治。每亩用25%吡蚜酮可湿性粉剂20克加20%氯虫苯甲酰胺悬浮剂10～15毫升，加水30升喷雾防治。对没有保留价值放弃的田块，应争取时间，及时翻耕改种晚稻。在水稻受淹临界经济抢救时间外应尽早翻耕改种晚稻，未完全倒伏的田块可先割倒，然后撒石灰50千克或“秸秆腐熟剂”2千克，加尿素5千克助其腐熟，5～7天后翻耕；或稻株割倒后将其2/3搬出田外，然后立即翻耕，赶种二晚，争取晚稻丰产。

4. 化学调控恢复　首先应采取一切措施排水，降低水位，使淹没稻苗尽早出水，减少涝害损失。水稻遭受涝渍灾害后，根系活力差，功能叶面积小，应于排水自然恢复3天后叶面喷施50毫克/升的NAA-Na，或30毫克/升赤霉素，或10毫克/升6-BA等外源调节物质，可防止涝渍灾害对功能叶的伤害，延缓衰老，稳定结实率。

5. 坚持湿润灌溉　受淹后各时期均应采取湿润间隙灌溉的方法，协调水稻穗分化、孕穗、抽穗、灌浆等各个时期对水分的要求，避免人为断水影响结实率和千粒重。但抽穗期若遇低温，则应灌深水护苗；灌浆结实后期，注意避免断水过早。这样既保证稻株对水的需要，又保证土壤通气养根，促进植株生长。

（三）改种早翻秋技术

1. 选择品种及播期　双季稻区可以选择通过国家或地方审定，适合本区域种植的早季大面积种植、生育期较短的高产稳产早稻品种。在选用直播早翻秋品种时，应根据水稻安全齐穗期和品种生育期的长短确定播种期，这是保证直播早翻秋品种安全齐穗的关键措施。因此，作为直播早翻秋品种，不论是杂交稻还是常规稻，安全齐穗期应在9月23日前，避免后期灌浆受到低温影响而减产。在浙江省，中嘉早17直播期不晚于7月20日。

2. 大田准备　如果直播稻田平整程度不好，那么会出现播种不匀、漂种、烂芽及鸟害现象，土地平整是保全苗、提高除草效果和确保平衡增产的基础。严重涝灾后，大田残留了大量稻草，可采用大型旋耕机对田块初整，然后用带刮板的拖拉机整平田面。采用轻型稻田开沟机将田块分成宽约 2 米的厢陇，保证田面无水层，沟中有浅水。

3. 适宜播种量 直播田用种量较大，杂交早稻品种为 30～37.5 千克 / 公顷，常规早稻品种为 60～75 千克 / 公顷。

4. 杂草控制 直播田前期秧苗覆盖度不大，不可能形成禾苗抑制杂草生长的优势，而且苗期往往要炼苗扎根，田间一般没有水层，对杂草萌发和生长十分有利，稍有疏忽容易形成草害。直播后 1～2 天，每亩可用 40% 直播青 45～60 克加水 30～40 升均匀喷雾。3 叶期后，施药前排干田水，用 50% 二氯喹啉酸可湿性粉剂 25～30 克加水 30～40 升均匀喷施除稗。

5. 巧施氮肥 全生育期一般每亩施纯氮 10 千克、过磷酸钙 20 千克、氯化钾 10 千克。过磷酸钙作为基肥一次性施入，钾肥则基肥和穗肥各施一半。但基肥施用尿素过多时会造成出苗率低的问题，建议基肥少施尿素，加大 2 叶 1 心期促蘖肥的用量。根据苗青适量施用穗肥。直播稻若后期施肥过量，则水稻贪青晚熟，千粒重和米质下降。

6. 解除包颈现象 洪涝灾害后补种的“早翻秋”水稻，在抽穗期可能会遇到低温天气，使得抽穗不畅，出现卡颈现象，这时可用促伸长激素赤霉素 30～45 克 / 公顷整块大田均匀喷施，辅助解除包颈现象，以获得高产。

7. 防止倒伏 在栽培上适当控制基本苗，通过控制播种量来控制群体基数。在肥水管理上，做到适期晒田，控制高峰苗，当直播晚稻田每亩苗数达到计划苗数（约 30 万株）的 80% 时即可晒田，以改善群体结构，达到群体中等、个体壮粗的目的，增强其抗倒伏性。在肥料运筹上适当控制氮肥施用量，相应增加磷钾肥施用量，防止群体过大。从播种到 3 叶期要求控水保苗，不轻易灌水，以利于根系深扎。3叶期后建立浅水层，促进分蘖。水稻生长中后期进行间隙灌溉，保持后期根系活力，切忌长期灌水，否则会导致根系长出泥面的现象。成熟期切忌过早断水，以免影响千粒重的提高，一般在收割前7天断水为宜。

（四）蓄留再生稻技术

水稻各生育期均有可能被淹。对在关键时期受淹、温光条件又不适宜补种的田块可以留再生稻，以淹没时间长短和水稻所处的生育时段和产量损失评估来确定。一般破口期至盛穗期洪水淹没30～40小时、孕穗末期和齐穗期淹没48小时作为蓄留再生稻的参考指标。

洪灾后，以下3类田块适宜留再生稻：①正处于抽穗开花期的水稻。太阳晒后稻穗已干枯，虽然根系、茎、叶再生芽的生长基本正常，但绝收已成定局。②处于孕穗期的水稻。洪水退后，剥查稻穗，凡稻穗呈水浸状、黄褐色，并开始腐烂发臭的，表明稻穗已枯死，即使稻株茎叶青绿直立，也不能抽穗扬花。③洪水退后5天，剥查再生芽萌发情况，如果全田稻株倒2、倒3、倒4节位再生芽有80%左右显著伸长，则表明头季中稻稻穗严重受损，生长中心转移。

洪灾后，以下3类田块应保留杂交中稻：①稻株生育期处在幼穗形成初期，洪水淹没后，植株生活力未受严重伤害的田块。②孕穗期和抽穗开花期，淹水时间不长，田间鉴定产量损失不大的田块。③在洪水来临之前已经有50%以上的颖花完成受精结实，多数稻穗已下垂的田块。若受洪水冲毁、严重倒伏、根系腐烂发臭，遇晴天则稻株枯萎。用手捏植株，基部节间软糊的表明植株死亡，再生芽不能萌发生长，应改种其他作物。洪水淹没后有3天左右的停止生长期，以后生长中心逐步转移到再生芽。蓄留再生稻的最佳割苗时间应该安排在洪水退后3～7天，早割更有利于田间管理，夺取高产。

1. 肥料施用 再生稻施肥分为割前施促芽肥与割后施发苗肥。割前施肥足，萌发腋芽数量多且壮，与单独割后施肥相比，再生稻生长发育提前，可以早抽穗、早成熟，对再生稻安全齐穗有一定的作用。再生稻发苗肥在头季稻割后3～4天内施，一般占总施肥量的1/3左右，具体用量要看田、看品种、看时间。具体到某个田块施用肥料多少要根据前期施肥、气候条件、收割时间、品种类型等具体情况而定。头季稻穗粒肥足，在施促芽肥时若茎叶看上去颜色较青，则可以适当少施，“促芽肥＋发苗肥”用量以25千克/亩较好，如果后期穗粒肥用得少，那么在施促芽肥的时候叶色已经退黄，再生稻肥料要施足，“促芽肥＋发苗肥”用量以30千克/亩为好。此外，若头季稻灌浆结实期已经非常缺肥，则要在头季稻齐穗后半个月补施一次肥料，待其恢复健康长势后再施促芽肥。8月20日以后才能收割的，割前10天一次性施用15～20千克/亩尿素，割后则不用施肥，以免肥料偏多产生太多无效分蘖，而且会推迟再生稻成熟。其他品种需肥量比准两优608稍低，一般每亩稻田“促芽肥＋发苗肥”的量以20～25千克/亩尿素为宜。

2. 水分管理 再生稻因为秋季温度高、空气湿度低、田间蒸发快，又是营养生长与生殖生长两旺时期，所以从头季稻收割期田间光秃秃的稻桩到再生稻齐穗、田里布满稻穗只有25～30天时间，形成这么大的生物量需要大量水分，因此，水对再生稻非常重要。再生稻各个时期水分管理要求如下：头季稻收获后7天内是再生蘖生长时期，应保持田间湿润，田间干燥或深水都会影响稻桩的发芽能力；再生苗长出后灌浅层水，遇干旱时要做好抗旱促苗工作。抽穗时需水量大，最好保持寸水。9月中旬遇冷空气要灌深水护稻。田间干旱时要做好灌溉工作，促进再生稻灌浆结实，提高结实率与千粒重，确保再生稻完熟。遇低温时，有条件的最好灌深水护稻，防止再生稻早衰。

3. 病虫害防治 8月份，看田间虫源情况决定是否要防治一次稻虱及螟虫。如果头季稻防治到位，田间虫源少，那么可以不用防治；如果虫源较高，那么要进行一次药剂防治。9月中旬看情况决定是否要防治一次三代二化螟、稻虱、稻瘟病等，这要从二代二化螟防治后的残留量及当年稻虱迁入量的高低来确定。一般割得早的（8月20日之前收割）田块最好全面普治一次；迟割的田块，害虫已进入羽化期，收割将切断二代二化螟生存繁殖场所，三代危害程度就相对较低，可以不用防治。感稻瘟病的品种在破口前后要做好稻瘟病的防治；再生稻病虫防治与喷施赤霉素及叶面肥要有机结合，一般来说，再生稻作业2～3次即可。

4. 适时收获　再生稻抽穗不整齐，因此成熟时间不一致。一般要在头季稻收割后60～70天、再生稻九成黄后才收割，否则青秆太多，会影响再生稻产量。

（五）改种秋玉米技术

1. 品种选择　秋玉米在整个生长期间气温由高逐渐变低，后期往往出现霜冻现象，因此品种应选择早熟品种。

2. 整地和施基肥　即按26厘米的距离开挖种植穴，在穴内每公顷施入600千克的三元复合肥和15 000千克农家肥作底肥。

3. 适时追肥　玉米出苗后20天内每公顷用75～150千克，尿素施一次断奶肥，40天后每公顷用300千克。

4. 适时间苗　为了确保合理的群体密度，在秋玉米达到4片真叶时，按照去密留稀、去弱留强的原则，间除细弱苗、病苗，确保每公顷5.6万～6万株的基本苗。

5. 加强病虫害防治　受气候的影响，秋玉米常有锈病、灰斑病和蚜虫危害。因此，在秋玉米4～6片真叶和大喇叭口期备用粉锈宁和甲基硫菌灵预防1次玉米灰斑病和锈病；抽丝期用吞蚜或中科蚜净防治蚜虫1～2次。

6. 适时收获　秋玉米在生育期昼夜温差大，所以营养物质

积累多，糖度高，一般作为青玉米投放市场，故在秋玉米乳熟期时应及时采收上市。

（六）灾后改种荞麦技术

1. 整地技术 荞麦是喜湿怕涝作物，低洼地播后要搞好田间排水工作，防止积水。灾后及时采用机械化开沟技术开好三沟。田内“三沟”（畦沟、腰沟、田边沟）深度分别达到 20 厘米、25 厘米、35 厘米左右；田外大沟深 60～80 厘米；畦沟间隔 3～4 米。做到沟沟相通，横沟与田外沟渠相通。若时间允许，则可以深翻土壤，深耕土地，有利于提高土壤肥力，同时可以减轻病虫杂草对荞麦的危害，为其丰产奠定基础。

2. 施肥技术 施肥以“基肥为主、种肥为辅、追肥为补”“有机肥为主、无机肥为辅”的施肥原则。施用量应根据地力基础、产量指标、肥料质量、种植密度、品种和当地气候特点科学掌握。荞麦生长时间短，只有 3 个月左右，肥料需要在整地或播种时一次性施入。底肥以农家肥为主，适量配施化肥作种肥，播种时一般每亩施腐熟农家土杂肥 400～500 千克、过磷酸钙 10～15 千克、钾肥 6～10 千克混合均匀后作基肥施入深耕土壤中。出苗后视田间苗情长势增施氮肥，追肥一般用尿素等速效化肥，尿素用量一般为每亩 5～7 千克，氮肥施用不宜过多、过晚，以免延迟开花结实期，并造成后期植株倒伏。

3. 播种时期与壮苗培育 灾后改种秋播荞麦的一般在 7 月中下旬至 8 月上中旬播种，秋荞播种太迟，生长后期容易遇早霜，产量降低。秋荞多采用条播，一般行距 30 厘米，播种深度为 2～4 厘米。通常情况下，甜荞播种量每亩为 3～5 千克，苦荞播种量每亩为 2～3 千克，播后盖好土杂肥，保持土壤疏松，并及时灌溉。没有灌溉条件的要赶在雨前播种，以利出苗齐全。荞麦出苗后要及时间苗、定苗，确保基本苗。甜荞每亩留苗 5 万～7.5 万株，苦荞每亩留苗 7 万～10 万株，达到苗齐、苗匀、苗壮的目的。

4. 中耕除草及灌溉　在荞麦开花结实阶段需要连续不断地供应水分，一般若在开花结实期遇干旱，则应灌水满足荞麦的需水要求，以保证荞麦的高产。中耕具有提高荞麦产量的作用，在封垄之前中耕2次，在苗高7～10厘米进行第一次中耕，结合间苗，疏去较密的细弱苗。第二次中耕可结合除草培土进行，促进植株不定根的发育。

5. 防治病虫　荞麦病虫害主要有荞麦轮纹病、立枯病、钩刺蛾等，一般用甲基硫菌灵可湿性粉剂800～1 000倍液喷雾防治立枯病，用0.5%波尔多液、40%多菌灵可湿性粉剂500～800倍液防治轮纹病。

6. 收获　当荞麦全株70%以上籽粒呈现出本品种固有的颜色时是最适宜的收获期。

（七）改种旱作蔬菜

因灾绝收的田块，因地制宜，抢时改种、补种生育期适中、产量较高、经济效益较好的红苕、蔬菜，以及生育期短的玉米、豆类等作物，可挽回一部分经济损失。

1. 抢栽红苕　红苕产量高、适合稻田种植，应抓住农时抢栽红苕。红苕栽得越早产量越高，最迟要求在处暑栽完。栽插适当增加密度，以窝距16.7～20厘米、9万～10.5万株/公顷为宜。选阴天或晴天傍晚栽插，栽后立即用清粪水灌窝，并用秸秆覆盖，防止曝晒造成萎蔫、死苗，确保全苗。苗成活后，及时揭去覆盖物。清理好排水沟，促其早长藤，多结苕。栽后20天左右清除杂草，看苗酌情补肥。

2. 抢播夏秋蔬菜　①合理选用良种，适时播种。选用耐热、耐涝、耐病、丰产的品种，适当增加瓜类和茄果类品种，抢时播种。②实行营养钵护根育苗方法，使幼苗定植后易成活。③利用深沟高厢防洪排涝，降低植株下层湿度，减少病害发生。④重施

底肥，合理追肥。⑤有条件的地方可采用塑料遮阳网遮阴栽培。

3. 种植秋大豆　选择早熟大豆品种，7 月中旬左右播种，行距 16.7 厘米，每窝播种 5～6 粒，成苗 3～4 株。播种时，施足清粪水 1.5 万～2.25 万千克 / 公顷、钙镁磷肥 225～300 千克 / 公顷、堆渣肥 1.5 万～2.25 万千克 / 公顷作底肥。幼苗长到 2～3 叶时，用尿素 75～90 千克 / 公顷或碳铵 225 千克 / 公顷，加猪粪水 1.5 万～2.25 万千克 / 公顷促苗。播后用 20% 甲基异硫磷 4.5～6 升 / 公顷拌制毒土 300 千克 / 公顷撒施土表，防治跳甲、蟋蟀等地下害虫。初花期注意防治豆秆蝇、豆卷叶螟、蚜虫等害虫。

4. 种植秋马铃薯　涝灾后，在 8 月中下旬大面积种植秋季马铃薯，选用优质脱毒种薯，采用 20～30 毫升 / 公顷的赤霉素浸种 24 小时，沥干后，在阴凉处湿沙分层覆盖，催芽至 0.5～1 厘米长，炼芽后播种。种薯和肥料分开，然后覆盖干稻草 10 厘米厚。

第十一章
稻田种养模式

在贫困山区，农业生产多以手工为主，水稻生产较为粗放、效益低，且目前粮食产能局部过剩，存在卖粮难等问题。随着新农村的建设，便利的交通使山区农业资源和旅游资源等得到了开发，优质的空气和水源成为生产优质稻米的天然条件。为了提高落后山区的水稻种植效益，优化山区农业发展结构，提高土地产出率、资源利用率和劳动生产率，水稻复合种养作为一种高效的生产模式正被大力发展。稻田种养模式是指在保证水稻正常生长的条件下，利用稻田湿地资源开展适当的水禽和水产养殖，实现“一水两用，一田双收，一举多得”的农业生产体系，在生产优质有机水稻的同时保护生态环境和生物多样性。随着社会的进步和经济的发展，人们对有机食品的认可度逐渐提高，稻田复合种养模式的经济效益也在不断提升。稻田复合种养可以与创意农业、休闲农业、观光农业、旅游农业综合发展，实现农业现代化、多元化发展的目的。

稻田复合种养模式在我国已发展多年，如浙江金华等地的稻鸭共养、浙江青田县等地的稻鱼共养、湖北潜江等地稻虾共养、北方辽宁等地的稻蟹共养、南方一些稻区的稻鳅共养、稻蛙共养等，也有一些地区出现了稻鸭鱼共养、稻虾鱼共养的稻田复合生态系统，均取得了良好的经济效益。

一、稻鸭共育

稻鸭共育以优质水稻生产为基础，在田间进行家鸭野养、稻鸭共养。家鸭在稻田间放养时可以捕食害虫、啃杂草、松土耕耘，减轻稻田病虫草害的发生。鸭子健康生长的同时排出有机肥，水稻对此肥利用率高，既省肥省药，又保护环境，水稻生长发育也能得到有效促进，其生产成本比普通水稻也低。据统计分析，每亩可节约肥料、农药等开支 82 元，鸭子代替了人力在稻田除草、捕虫、中耕浑水等劳作，节省人工成本费 60 元，同时养鸭所需饲料节约 50%。合理密度的稻鸭养殖过程中，稻田的病虫草害等得到了有效控制，有机肥代替了化肥，稻米品质有了较大的提升，无有毒物质残留，并且由于家鸭野养，鸭肉中重金属含量显著降低，鸭的品质显著提升，稻米和鸭肉的销售效益同时提高，促进山区农户增收。金华的连作早、晚稻和单季稻稻鸭共养效益结果表明，养鸭的田块比未养鸭的田块水稻增产 1.8%、3.2%、1.8%。养鸭田有机稻谷每 100 千克销售价格比普通增加 52.4%，加上鸭子收益，稻鸭共养的早稻田每亩增收 285.8 元，连作晚稻每亩增收 321.2 元，单季晚稻每亩增收 300.5 元。稻鸭共养具体技术如下。

（一）稻田选择

一般选择山区交通较便利的田块，有较好的水源，灌溉和鸭舍的建设方便。稻鸭养殖的单位面积可以划分为 8～12 亩。

（二）设施建设

1. 水田准备　①在水田四周构建围栏，围栏高度 80～120 厘米。做好稻田围栏，防止鸭子外逃和被天敌伤害。②准备过渡水田繁殖绿萍，给鸭子提供过渡的活动空间和食物。③湿育秧秧田和直播田要提前 7～15 天灌水耕地，做好田埂，灌水沉实；湿育秧秧田需要起垄。④及时培育绿肥，前茬水稻收获后要及时培育绿肥，为稻鸭共养的稻田供应足够的有机绿肥，减少水稻种植过程中肥料的施用，特别是减少化学肥料。

2. 鸭舍准备　①按鸭子的数量在稻田边准备场地，根据养鸭规模，浅挖池塘一口，深度为 0.8～1 米，做好搭棚。②早稻生长时温度较低，雏鸭放养风险较大，要利用田边的搭棚和鸭舍中设置的恒温装置度过低温期，同时给鸭子提供栖息的场所，保证鸭子的正常生长。③在稻田田埂上搭棚，一般每隔 80 米准备一个，长 2 米、宽 1 米、高 0.8～1 米，以便于雏鸭躲风雨和饲料取食，提高鸭子成活率。④准备饲料，当鸭子取食不足时投放饲料，饲料要以粮食为主，不可添加添加剂和生长促进剂。⑤准备药品，并做好消毒工作，防治疫病。

（三）鸭子养殖

1. 鸭子品种选择　鸭子品种选择应遵循当地气候条件，建议选择当地水鸭，单季稻选择夏水鸭，双季早稻选择头水鸭，双季晚稻选择秋水鸭。鸭子的选择以中、小个体为标准，便于鸭子在田间活动，也可降低相应成本。成年鸭放养的个体重量应控制在 1.3～2 千克，以免鸭子活动时对水稻造成伤害。不同鸭子生长习性有差异，公鸭生长快、肉质鲜嫩，母鸭产蛋率高。在连片的山区，建议放养母鸭，可以增加鸭蛋销售的收入，进一步提高种养结合的经济效益。

2. 鸭子育苗　稻谷浸种时即开始孵鸭蛋，但孵苗要求较高，没有条件的农户可向商家预定购买，购买后逐步放养，调教下水，保证鸭苗的正常进食，培育健壮的雏鸭。

3. 鸭子投放　秧苗移栽后 7 天，直播水稻 4 叶期后放鸭。放鸭密度要合理，150 只 / 公顷的放养密度能达到最好的效益。鸭子投放之前根据水稻群体的肥料吸收利用情况施分蘖肥，可以

按预定的肥料量施尿素追肥，以促进稻苗早发棵。

4. 鸭子饲养管理 鸭子进入稻田之后，要抛撒绿萍供鸭取食，并增加少量饲料。放养15～20天后，因为田间杂草、虫子等食料丰富，所以不需要提供饲料。随着鸭子的长大和食量的增加，可酌情补充绿萍和饲料，保证鸭子在整个生长发育期间的食物需求，以提高鸭子的商品性。水稻开花后，要给鸭子补充足够的饲料，增加鸭子出肉率，待水稻灌浆下垂时，把长足的个体及时捕捉进行销售。母鸭赶到已收割的稻田和鸭舍进行放养，通过无公害鸭蛋增值。

（四）水稻种植

1. 选择优质的品种 各山区中，除罗霄山区所在的江西省和湖南省种植双季稻外，其余地区都以单季稻种植为主，稻鸭共养双季稻和单季稻都可进行。但由于山区光温条件的限制，为了提高水稻生长的光能利用率，建议选择种植单季稻品种，水稻选择符合本区域土壤、气候条件的品种，要求水稻株型高中上，株型集散适中，茎粗叶挺，分蘖较强，不易倒伏，抗逆性好，稻米品质中等或偏上，可以选择种植一些优质的粳稻品种。

2. 水稻育秧

（1）浸种 用浸种灵按稀释倍数进行浸种消毒48小时，预防恶苗病。

（2）催芽 用棉麻覆盖或使用加热设备进行捂种催芽，温度保持在30℃左右，催芽两天。

（3）育秧 为了节省成本，可考虑进行旱育秧或水育秧；有条件的可以用秧盘基质育秧，适宜机插种植。水育秧杂交稻的亩播种量为6～8千克，旱育秧可以密一点，每平方米0.1～0.2千克稻谷，而常规稻的亩播种量为40千克，这种条件下种子稀播，有利于育壮秧。直播田杂交稻用种量1.5～2千克，常规稻3～4千克。育秧要通过合理的肥水管理，结合适宜的人工化学调控，

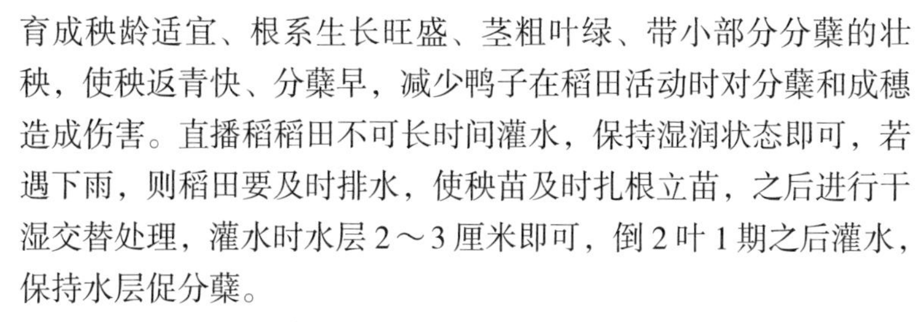

育成秧龄适宜、根系生长旺盛、茎粗叶绿、带小部分分蘖的壮秧，使秧返青快、分蘖早，减少鸭子在稻田活动时对分蘖和成穗造成伤害。直播稻稻田不可长时间灌水，保持湿润状态即可，若遇下雨，则稻田要及时排水，使秧苗及时扎根立苗，之后进行干湿交替处理，灌水时水层 2～3 厘米即可，倒 2 叶 1 期之后灌水，保持水层促分蘖。

3. 水稻移栽　水稻在 4～5 叶期移栽，秧龄一般 25 天左右。为了给鸭子提供足够的活动空间，行株距以 30 厘米× 30 厘米为宜，杂交稻每穴栽培 1～2 本，而常规稻每穴再查 3～5 本，每丛插 1～2 本（杂交稻）或 5～6 本（常规稻）；也可进行宽窄行栽培，宽行 30 厘米，窄行 20～25 厘米，扩展鸭子的生长空间。直播稻和抛秧种植密度不一，直播田在鸭子投放之前一定要及时进行除草。直播稻由于鸭子取食和踩踏活动，要进行适期补苗。

4. 稻田管理　水稻移栽前一次性施足肥料，以有机肥和复合肥为主，施肥量视土质优劣而定，有机肥一般 800～1 200 千克 / 亩，分蘖肥和穗肥视情况补施。

鸭子活动期间，稻田要保持浅水状态，使鸭子活动的同时起到中耕松土的作用，促进水稻根系向下伸长。大田需要搁田时，将鸭子赶到场地上，在鸭舍里的池塘内过渡。大田病虫草要进行无公害防治。稻鸭共养过程中，稻田的害虫主要靠鸭捕食，为了生产有机水稻，不能用农药防治。当病虫害严重时，用高效、低毒、低残留的农药防治，或者将鸭子赶到鸭舍过渡后再进行稻田病虫防控，之后再将鸭子放养。稻鸭共育期间，杂草一般不进行农药喷防，以鸭子取食和踩踏防治为主。水稻进入孕穗期后，田间要保持水层，因为鸭子的排泄物在田间充当了有机肥，所以可根据田间的叶色变化适当补肥，促进幼穗发育，提高成穗率；孕穗后，稻纵卷叶螟增多，鸭子不能起作用，要用轻度毒性或无公害农药进行喷防，水稻抽穗灌浆后，稻田要进行轮番搁田，鸭子过渡田要保持水层。

二、稻虾共养

小龙虾又名克氏原螯虾，是淡水经济虾类，其肉味鲜美，深受大家喜爱。小龙虾具有杂食性、生长快、生殖能力强、耐热、耐冷、病害少的特点，非常适合在稻田中养殖。由于龙虾可以在冬季繁殖，在不占用农田的条件下，可以进行稻田虾稻连作，种稻不种虾。由于此模式是在水稻收获后养虾，龙虾一般在 3 月底上市，使得龙虾上市早、价格高，经济效益明显，并且稻田管理方便，水稻产量也有保障。但该模式的龙虾在 5 月底即捕捞结束，市场供应期短，并且避开了 6 月中下旬龙虾生长最快的季节，也避开了夏季人们对龙虾需求最大的季节，资源利用率相对较低。龙虾苗种投放成本主要用在第一年开始养殖的时候，第二年就可以利用苗种自繁，只需少量补充即可。稻虾共育过程中，龙虾生长所需营养物质主要来源于稻田中的杂草、害虫、微型生物等，这样降低了龙虾的养殖成本。统计分析表明，稻虾共养能使效益增加 1.29 倍，投入产出比提高 39.6%。稻虾共养可促进稻田生态系统趋向多样性，特别是杂交生态系统趋于多样化，龙虾在稻田中兼有灭虫、保肥、造肥的作用，并取食杂草，比人工清除更加彻底、无污染。稻虾共养也是一种生态、节能、环保的综合种养模式。据统计，稻虾共养使化肥成本降低 35%～40%、农药成本降低 20%～30%，一般不需要施用除草剂，一些地区稻虾共作模式的经济效益比常规稻提高了 4.7～6.3 倍。稻虾共养的生产技术如下。

（一）稻田基地准备

要求稻田周边无化工等污染源，水源有保障，能及时排灌，最好有独立的灌溉水系，防止水源受其他水系农药的污染。

（二）设施建设

第一年养殖之前要开挖虾沟，构建围栏。山区田块较小，最好选择连片的稻田进行养殖。稻田要进行开沟，水排干后，直接在田埂边夯筑高 0.5～0.8 米、宽 1 米左右的田埂，然后灌水耕田，沉实后在离四周田埂 1 米处深挖宽 1 米、深 0.6～0.7 米的虾沟。稻田开挖中沟，呈“田”字形或“井”字形虾沟。因为养虾需要活水及时灌溉，所以在稻田相对两角要设置进水口和排水口，并安装铁丝网或塑料双层密网，同时在田埂上设置硬质、光滑的塑料板做围栏，防止龙虾外逃和天敌入侵。

（三）培养诱饵生物

稻田挖沟灌浅水趟平，田面灌水 5～6 厘米，并用生石灰或漂白粉消毒 7～10 天，每亩施用有机粪便 300～400 千克，进行水质培肥，培养枝角类、桡足类等微生动物生长，供龙虾取食，丰富其食物来源。

（四）水草种植

由于小龙虾属杂食性动物，因此需要在种植水稻前在虾沟里栽种水草，比如伊乐草、苦草、水浮莲、水花生等，多种水草搭配。水草种植前要用生石灰消毒。水草的种植不宜过密，一般覆盖虾沟面积的 30%，零星分布即可。

（五）龙虾养殖

1. 品种选择　应选择大众消费多的龙虾品种，以克氏原螯虾类型为主。

2. 虾苗放养　山区稻田土层较薄，考虑到稻田要适时搁田，所以小龙虾的投放控制在 25～30 千克 / 亩。一般在 3～5 月份放养虾苗，放虾苗前 5～7 天应注水，在进水口需要用多且密的网布严格过滤；稻田撒施有机肥，一般每亩施75～100千克。虾苗放养之前要在净水和4%盐水中反复浸泡和消毒，以杀灭大部分寄生虫和致病菌。

3. 虾苗培育 在虾苗培育过程中及时掌握生产动态，掌握龙虾的取食情况、水质变化、龙虾病害、敌害等。若龙虾取食不足，则可适量投喂菜粕、豆粕、麦麸、水草、蔬菜等植物性饵料。

4. 龙虾第一季收获 在5～6月份对个头较大的龙虾进行第一次捕捞。

5. 水位管理 水稻插秧后，虾沟中的龙虾转入大田养殖，大田保持水位3～5厘米。为了保证龙虾生长，一般7～10天换一次水，每次换水1/3，保持虾沟水体透明。分蘖盛期后轻晒田时要防止把龙虾晒死，将龙虾置于丰产沟或虾沟栖息，待穗分化期复水后再将龙虾转回大田养殖。由于稻田中的培养基和龙虾排泄粪便等有机物较多，水稻穗分化期一般不进行施肥，水稻抽穗开花后可根据其生长情况补施肥料，但不要施用碳酸氢铵及未腐熟的粪便，以免造成小龙虾死亡。水稻整个生育期施氮量应不超过10千克/亩。在7～8月份对龙虾进行第二次捕捞，留下小个头的龙虾进行留种，并将龙虾转到虾沟培养。

6. 龙虾补苗 水稻收获后，在8～9月份对龙虾补苗，让龙虾在10～11月份繁殖，为翌年的虾苗做补充。可以投放雌雄比例为4～6∶1的亲虾，投放量为25～30千克/亩。为提高龙虾成活率，在其繁殖期间，应于傍晚适量投喂小杂鱼等龙虾饵料。亲虾孵苗结束后，一般可以在翌年的3～4月份捕捞出售。

（六）水稻种植

1. 品种选择 山区地区建议选用生育期稍长的单季稻品种进行种植，品种要求耐肥、抗倒伏、适应半深水厌氧的生态环境，且稻米品质在中等以上、抗病虫，以减少农药的施用。粳稻是一种很不错的选择，粳稻适应山区低温的能力较强，并且品质相对籼稻要好。

2. 水稻育秧 单季稻育秧一般在5月中上旬，水稻的育秧方法同本章第一节内容。因为南方地区在3月份可以收获第一季龙虾，所以最好不选择水稻直播的种植方式。

3. 水稻插秧 龙虾第一次捕捞后将其转入虾沟培育，并对大田进行整理。对大田小程度旋耕，视情况补施有机肥和复合肥，趟平，有机肥施800～1 200千克/亩。水稻秧龄在25～30天，选择带蘖壮秧插秧，杂交稻每穴1～2本，常规稻每穴2～3本，种植规格一般为25厘米×25厘米，或采用宽窄行的种植方法。插秧后10天利用稻田开沟机开沟，宽20～30厘米、深5～10厘米，兼做丰产沟和搁田时龙虾栖息之用。

4. 稻田管理 水稻收割后秸秆全量还田，减少秋冬季节饵料的施用。在水稻生长过程中，由于龙虾的取食，稻田杂草数量明显减少，但是出现纹枯病、稻纵卷叶螟、稻飞虱等病虫害时，要选择低残留的农药进行防控，如井冈霉素可湿性粉剂、氯虫苯甲酰胺悬浮剂等，禁止使用小龙虾敏感的有机磷或菊酯类杀虫剂。

三、稻鱼共养

稻鱼共生系统在我国南方地区发展时间较长，特别是浙江青田的稻鱼共作系统，已经列入了世界非物质文化遗产，是高效益的生态农业系统。稻田的鱼取食害虫、杂草，并为稻田增肥、增氧，促进水稻生长，而水稻能引来各种昆虫，为田鱼提供多种食物，改善田鱼的品质。此模式提高了稻田的养分利用效率，研究表明，鱼的养殖促进了水稻对氮的吸收，提高了肥料的利用效率。鱼是大众喜爱的菜食，消费量高，稻鱼种养比单一种植水稻可增收500～1 000元。稻鱼共养的生产技术如下。

（一）稻田选择

选择水源充足、排灌方便，底层保水性能好的稻田。稻田要求光照充足，利于水稻及田鱼的生长。土质最好选择壤土。

（二）设施建设

稻田的田埂要加高、加固，水不渗漏，田埂内侧可以用水泥或木板、竹片等加固，以防田鱼在埂边觅食造成田埂倒塌。山区土地较瘠薄，田埂应高出稻田泥面 0.4～0.6 米。在田间开挖鱼沟，鱼沟宽 0.5～0.6 厘米、深 0.2～0.4 厘米，鱼沟面积占稻田面积的 5%～6%。稻田进水口处要设置一个鱼坑，深度在 0.6 米以上，鱼坑面积一般占稻田面积的 4%～7%，鱼坑内部土壤要夯实，可以用水泥浇筑，防止水分漏失。鱼坑的上沿高出稻田泥面 20 厘米，鱼坑开 2～3 个出口，与鱼沟相通。鱼坑和鱼沟的面积要控制在稻田面积的 15% 以内。鱼沟与鱼坑提前挖好，一定要在插秧前整理成型。稻田进出口设在稻田的相对两角上，进出水口宽度在 0.3～0.6 米，并设置两个稻田排灌闸口，便于控制水位。在进口处设置塑料网或金属网作为拦鱼栅，防止田鱼外逃。

（三）田鱼养殖

1. 鱼坑消毒 鱼苗放养前 15～20 天必须要清理鱼坑，将淤泥清理回大田，并对鱼坑加固。用生石灰、漂白粉或碳酸氢铵对鱼坑进行消毒，生石灰用量为 150～200 克 / 米 ^{3}，漂白粉用量为 5～10 克 / 米 ^{3}，碳酸氢铵用量为 50～75 克 / 米 ^{3}。

2. 鱼种选择 鱼种以田鱼、草鱼、鲫鱼等草食性和杂食性鱼类为主，不宜放养肉食性鱼类和冷水性鱼类。鱼种重量一般在 25～75 克。

3. 鱼种消毒 鱼种放养之前要进行消毒，消毒药物有食盐、漂白粉、高锰酸钾、硫酸铜等，浓度分别在 3%～4%、8～10

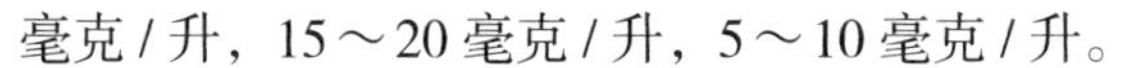

毫克/升，15～20毫克/升，5～10毫克/升。

4. 鱼苗放养　鱼苗放养要趁早，冬片鱼在1～3月份放养，而夏花鱼在6月上旬进行放养，鱼苗的放养量在每亩1 000～1 500尾。

5. 饲料喂养　选用渔用配合饲料或米糠、麦麸、酒糟等粗饲料，按鱼总重量的5%～10%投喂，青料按鱼重量的10%～40%投喂。投喂地点选在鱼坑和鱼沟内，每天投放两次。

6. 鱼病防治　要做好鱼种、食场、饲料的消毒，发现病鱼要及时对症治疗。为了减少药物的残留，可用中草药进行治疗，如五倍子、大蒜头、水菖蒲等。

（四）水稻种植

1. 品种选择　为了最大限度利用光温资源，建议选用单季稻进行种植。选用生育长、耐淹水、抗倒伏、抗病能力强的水稻多品种，稻米品质在中等或以上。

2. 水稻育秧　水稻种子利用浸种灵浸种24小时，防止恶苗病，然后进行捂种催芽24小时，播种期为5月初，秧龄在25～30天。育秧方法同本章第一节相关内容。

3. 水稻移栽　插秧时间为6月初，种植规格为30厘米×30厘米，或采用宽窄行种植方式，规格为30厘米×20～25厘米，每丛1～2本。

4. 稻田施肥　为了提高肥料利用率，施肥以有机肥为主、化肥为辅，以基肥为主、追肥为辅。基肥每亩施有机肥500～600千克、尿素8～12千克、氯化钾9～12千克，水稻分蘖肥每亩施尿素5～8千克，穗肥视田间情况酌情添加，一般以尿素和氯化钾为主。碳酸氢铵、氯化钾、过磷酸钙会对鱼的生长造成不良影响，施肥时应把鱼集中在鱼坑内，肥料避免撒在鱼坑内，以减少肥料对鱼的影响。

（五）水稻和田鱼收获

在稻谷成熟或割稻时就可放水捕鱼，小鱼继续留田养殖，可在春节时捕捞上市。

四、稻蟹共养

目前，稻蟹共养模式在北方稻区发展较好，稻蟹模式充分发挥了稻蟹之间的互利共生关系。稻田内非水稻植物和一些底栖动物是河蟹的饵食，河蟹的觅食活动破坏杂草幼苗，并能杀灭害虫的幼虫，减少化学农药的使用，同时河蟹的活动使稻田土质松软，利于肥料的分解和水稻对营养成分的吸收。稻蟹生产模式显著提高了土壤有机质的数量和质量，明显改善了稻田水生态环境，能有效促进水稻的生长发育，提高水稻产量，改善水稻品质。相对于稻虾、稻鱼、稻鸭等复合种养模式，稻蟹共作模式技术相对容易推广，因为河蟹适宜在山区生长繁殖。稻蟹种养模式可以显著提高水稻的生产效率，蟹每亩新增效益在2 000～4 000元，水稻每亩新增效益在200～700元。稻蟹共作的生产技术如下。

（一）田块选择

稻田选择应靠近水源，保证不漏水，并且水质要好，无工业和农药污染源，交通便利。稻田土以壤土和沙土为主。单元田块面积大小在3～5亩。

（二）设施建设

田间工程由暂养池、环沟和田间沟组成。环沟在离田埂0.8～1米处开挖，挖成环形，沟宽2～3米、深度0.8～1.2米，坡度为45°～65°。挖出的土壤可以用于田埂的加固，田中开挖与环形沟相通的横沟或“十”字沟，一是方便螃蟹活动，二是兼作丰产沟用。暂养池在田块进水口出开挖，池宽度要求为 4～6 米、长度要求为 8～10 米、深度 1～1.5 米，整个面积占稻田面积的 5%～10%。稻田的四周都要用塑料板或水泥板设置防逃网，防逃网埋入土内，离稻田泥面 50～80 厘米，并在进水口和出水口设置水位闸口，及时调节稻田水位。在进水口和出水口处安装钢丝网，防止排水时螃蟹外逃。

（三）蟹苗养殖

1. 暂养池消毒　在放养蟹苗前要对暂养池消毒，用生石灰或漂白粉进行消毒 7～10 天，生石灰用量 0.15～0.5 千克 / 米^2。

2. 品种选择　蟹苗可以选择中华绒螯蟹或符合当地特色的河蟹。

3. 蟹苗放养　蟹种培育要求较高，一般放养大眼幼体 0.8～1.2 千克 / 亩，成蟹养殖一般放养规格 100～200 只 / 亩。蟹种在 3～4 月份放养，成蟹苗在 5～6 月份放养。暂养池消毒后，用浓度 15～20 毫克 / 升的高锰酸钾对河蟹浸泡消毒 10～15 分钟，然后捞出放在暂养池边上，让其自由入水。

4. 饲料投喂

（1）**蟹种培育**　蟹苗放养 3 天以内，幼蟹主要取食暂养池中的浮游生物和微生物，当池中食物不足时，可酌情投喂浮游生物、豆浆等，直到成长为 I 期幼蟹。I 期幼蟹之后投喂新鲜的鱼糜、豆腐糜等饵食，日投喂量为幼蟹体重的 100%，直到出现 Ⅲ 期幼蟹。Ⅲ 期后稻田浮游生物很丰富，日投喂量可酌情减少 50%，直到成长为 V 期幼蟹。V 期幼蟹之后主要取食稻田的浮萍、水花生、轮叶黑藻、野杂鱼等，根据田间河蟹取食情况，酌情投喂饵料，但不宜过多，一般为幼蟹重量的 5%～10%。

（2）**成蟹养殖**　刚投放时，每天可以投喂豆饼、花生饼、玉米、小麦、水藻、小杂鱼、螺丝、河蚌等饵料，动植物的饵料比一般维持在 45 : 55。日投喂量占河蟹重量的 5%～10%，不宜投喂过多。

5. 病害防治　7～10月份，每月用土霉素制成饵料投喂1～2次，高温季节每隔半个月可以用生石灰10千克/亩加水溶化，于沟面泼洒，用以预防细菌性蟹病。

6. 敌害防治　及时清除稻田种老鼠、水蛇、青蛙、水鸟、龙虾等河蟹天敌。

（四）水稻种植

1. 品种选择　河蟹的生育期较长，山区地区光温资源利用率低，建议选用生育期长、抗倒伏、耐肥、优质的单季稻品种。

2. 水稻育秧　4～5月份上旬进行水稻育秧。育秧方式同本章第一节相关内容。考虑到螃蟹的取食与活动，稻蟹种养时不建议使用直播稻种植。

3. 水稻移栽　5～6月份水稻移栽，水稻秧龄25～30天，选取壮秧进行移栽。采用宽行稀植或宽窄行种植，宽行稀植种植规格为30厘米×30厘米，宽窄行种植规格为30厘米×20～25厘米。

4. 稻田施肥　选用有机肥、农家肥，耕地时一次性施入，每亩施1000～1500千克，或分期（基肥＋穗肥）结合尿素、复合肥等肥料撒施。

5. 水分管理　因为放养螃蟹，所以稻田应保持1～2厘米的水层。在分蘖达到预期的80%时搁田控制分蘖，一般搁田2～3天，期间河蟹可以在丰产沟或暂养池内栖息。分蘖期过后，可以灌深水。由于河蟹养殖对水质要求较高，要适期测定水质状况，pH值一般为7～8，采用换水和撒生石灰的方式及时对pH值调节。

6. 水稻病害管理　水稻种植出现稻纵卷叶螟、稻飞虱等病虫害时首先要采取生物防治和物理防治，尽量减少农药使用。针对主要病虫害，可以使用井冈霉素可湿性粉剂、氯虫苯甲酰胺可湿性粉剂等低毒、低残留的农药进行喷施，确保农药不对河蟹造成伤害。

（五）水稻和河蟹收获

单季稻一般在10月份收获，河蟹捕捞上市后即可搁水收割单季稻。

第十二章
水稻高效复种模式

在温、光、水资源相对丰富的山区，农业以种植为主。水稻高效复种模式是通过水旱轮作，既保证粮食生产，又使蔬菜、果树、油料作物、药材等常年种植，减少病虫害，提高土地复种指数，增加农民收入的农业生产方式。因此，根据当地自然条件、市场需求及农资投入等情况，水稻可以做早稻、中稻、晚稻，并与其他作物灵活搭配，合理安排茬口，形成多种类型的水稻高效复种模式。

一、水稻－茄子高效复种模式

（一）茬口安排

水稻于当年4月下旬至6月上中旬播（栽），10月上旬至11月下旬收获；茄子9月下旬开始育苗，60～80天后移栽，翌年4月下旬完成采收。

（二）品种选择

水稻品种选择具有高产优质、抗病性强、适应性强、生育期适中的品种。茄子以当地居民喜好或目标市场为导向，并结合当地的气候（温、光、水等）、土壤、病虫害发生规律，选择抗病性能优异、产量高、食味优良、抗旱耐冻的强适应性品种。

（三）关键栽培技术

1. 水稻栽培技术

（1）适时播种，培育壮秧　播种育秧主要集中在4月中下旬至5月中旬，根据当地水资源、种植技术等情况，可选用湿润育秧、旱育秧、半旱育秧或基质大钵育秧培育适龄壮秧。种子水选后，带药浸种48小时，催芽后均匀播种。秧田做到平整、肥足、排灌方便，根据地力施过磷酸钙15～20千克/亩，尿素10～15千克/亩。播种后盖膜，待出苗30%后揭膜通风，适时浇水；在2叶期施复合肥（15∶15∶15）6～10千克/亩；插秧前4～5天，施送嫁肥尿素2～3千克/亩。

（2）适时移栽，合理密植　气温低的区域，秧苗生长较慢，移栽（抛栽）秧龄可适当增加，反之则提早，秧龄灵活控制在20～30天。移栽株距为20～25厘米、行距为20～25厘米，大穗型品种低密度种植，每丛插2本，基本苗约为15万丛/公顷，有效穗约为240万/公顷。

（3）科学施肥，“重底、稳中、看补”　由于前作是蔬菜，有机肥施用量很大，还有很多未被利用，应根据前作的施肥量施基肥，一般每亩施过磷酸钙25千克、氯化钾10千克；插后7～10天，每亩施尿素4千克、氯化钾10千克做分蘖肥。晒田后叶色明显褪黄，已进入幼穗分化，要施好穗肥攻大穗，每亩尿素6～10千克、氯化钾5～8千克。如果前作施肥量太多，稻苗叶色乌黑，就不能再施穗肥了，避免稻株后期贪青迟熟，影响后作。

（4）水分管理　水分管理如下：浅水栽插，寸水返青，深水护苗，薄水促蘖，够苗晒田或晾田（每亩茎蘖数达到20万～22万时排水晒田），扬花灌浆期保持浅水层，后期干干湿湿，养根保叶。在收获前7～10天断水，确保籽粒饱满。

（5）抓好病虫防治，兼治杂草　找准病虫主要类型，“预防为主，综合防治”，重点突出。主要防治稻飞虱、螟虫、稻纵卷叶螟、纹枯病、稻瘟病、稻曲病，防治时选择高效低毒农药，可选用机动喷雾器高效精准施药。稻田杂草防治以“前严，后松”为原则，整地耕作时尽量将稻田杂草打碎深埋，移栽后及时喷洒除草剂，部分难控杂草可以人工拔除，确保从秧苗移栽至封行前稻田通风透光，后期及时除去稗草等大型杂草即可，保障水稻高产、优质、丰收。

2. 茄子栽培技术

（1）播种、育苗 9月下旬开始播种育苗，苗龄在80～90天移栽，用种量为40～60克/亩。消毒催芽，播种前晒种6～8小时，然后放在55～60℃的热水中（水量为种子体积的5倍以上）搅拌浸种15分钟，再用25～30℃温水浸种14～16小时，搓去外皮上的黏液，清水洗净，纱布包好，25～30℃催芽，每8～12小时用清水淘洗1次，当80%以上种子发芽后播种。将肥沃的田园土、腐熟的有机粪肥、过筛的细炉渣按4∶3∶3的比例均匀混合，然后每立方米再混合加入1千克过磷酸钙和50%福美双或50%多菌灵可湿性粉剂8～10克，即可得到床土，也可直接购买商品育苗基质。土地平整后，开2米宽的厢床，浇足底水，每平方米苗床撒1千克药土，再将催好芽的种子均匀撒播在苗床，播后每平方米苗床再撒2千克药土，厚度不超过1厘米，然后拱棚盖上覆薄膜。播后出苗达到30%时，白天揭膜通风，晚上盖膜保温，苗床适量浇水，出苗后1周喷杀菌剂，以防苗期病害，4叶1心期浇第一次肥水，待苗龄20～30天后可分苗。苗床最高温度不超过25℃，最低温度不低于12℃。

（2）整地起垄，施足底肥，合理密植 上季稻谷收获后，稻草及时粉碎还田进行腐解，年前进行深翻耕将未腐烂的稻草埋到土里。茄子定植前再次耕翻、耙细、整平土壤。按露地常规方法起垄覆膜，垄高30～40厘米，垄宽70～80厘米，畦宽1米。每垄中间开沟、条施基肥后覆土，有机肥和化肥混施，其中腐熟粪肥4000～6000千克/亩，生物菌肥6～8千克/亩，复合肥

40～60千克/亩，适量撒施杀虫剂。合理密植。株距50～60厘米，每亩定植1 500～2 000株，带营养土单苗移栽。

（3）**定植后的田间管理**　茄子移栽后应及时拱棚盖膜，提高土壤温度，促使根的生长，加快返苗，后期气温回升后白天揭膜通风，晚上盖膜保温，最后完全揭膜。开花后每株茄子挖穴追肥，每亩施尿素20～25千克、钾肥10千克，以后每层果喷施一次叶面肥，以保证植株正常生长。坐果前后，保留两个杈状分枝，摘除主茎上其余腋芽，待植株挂果6～7个时摘心。及时清理植株下部的老叶、黄叶、病叶，改善通风透光条件，减少病害发生。用50毫克防落素加入30毫克的赤霉素加水1升，同时加入50%腐霉利可湿性粉剂1 000倍液或50%异菌脲可湿性粉剂1 500倍液涂抹花朵（或浸花），即可达到减少花果脱落，促进果实迅速膨大，防治灰霉病、绵疫病的目的。

（4）**病虫害的防治**　茄子主要病害有茶黄螨、蚜虫、红蜘蛛、猝倒病、灰霉病、黄萎病、绵疫病、白粉虱和立枯病等，因此常采取轮作换茬，种植抗病品种，加强田间管理，喷施高效低毒药剂等措施。其中防病用药推荐见表12-1。

表12-1　茄子病害常用防治药剂

病　害	常用药剂	施药方式
猝倒病	用70%代森锰锌可湿性粉剂500倍液	喷雾
立枯病	用64%噁霜·锰锌可湿性粉剂1 000倍液，或25%甲霜灵可湿性粉剂1 000倍液	喷雾
棉疫病	用75%百菌清可湿性粉剂600倍液	喷雾
灰霉病	用50%多菌灵可湿性粉剂500倍	喷雾
黄萎病	用25%多菌灵可湿性粉剂5 000倍液	灌根
白粉虱	用2.5%氯氟氰菊酯乳油300倍液	喷雾
红蜘蛛	用40%乐果乳油2 000倍液	喷雾
茶黄螨	用73%克螨酮乳油300倍液	喷雾

（5）**适时采收、上市销售**　一般开花后25～30天开始采收。当茄子萼片与果实相连处白色或淡绿色环状带已趋于不明显或正在消失，果实停止生长，即可采收上市。

3. 经济效益　水稻以500千克/亩计，产值为1300元/亩；长茄4000千克/亩，产值8000元，总产值达9300元/亩，扣除农资成本，每亩年利润一般在5000元左右。

二、水稻－蘑菇高效复种模式

（一）茬口安排

该模式前茬种植早熟水稻品种，后茬种植蘑菇，蘑菇采收结束后，菇渣直接还田种植水稻。

（二）品种选择

水稻选用早熟、高产、生育期中等、秧龄弹性大的优良品种；蘑菇选用菌种纯、发菌快、产量高、不易开伞、易加工、耐运输的品种。

（三）关键栽培技术

1. 水稻栽培技术　除适当提早播期，延长秧龄外，其他的栽培管理等措施与常规水稻栽培一样。

2. 蘑菇栽培技术

（1）**搭建菇棚**　搭棚用的新旧材料（竹子、绳子等）必须在水中浸泡15天以上，晒干后再用生石灰水浸泡10～30分钟，晾干备用。清除稻草后，搭好菇棚。

（2）**准备营养基质物料**　要求碳氮比为28～30∶1，含氮量1.4%～1.6%。

①推荐配方1　以栽培面积100米^{2}计算：干稻草2200千克、

尿素 40 千克、复合肥 20 千克、菜籽饼 200 千克、石膏 75 千克、石灰 30～50 千克。

②推荐配方 2　以栽培面积 100 米^{2}计算：干稻草 2000 千克、过磷酸钙 25 千克、干牛粪 850 千克、石膏粉 45 千克、菜籽饼 85 千克、碳酸钙 35 千克、尿素 25 千克、碳酸氢铵 25 千克、石灰粉 50 千克。

③推荐配方 3　以栽培面积 100 米^{2}计算：干稻草 1250 千克、干牛粪 800 千克（或 300 千克干牛粪加 200 千克蚕粪）、麦麸 75 千克、尿素 20 千克、碳铵 40 千克、过磷酸钙 50 千克、石膏粉 40 千克、石灰粉 50 千克。

（3）堆制发酵　稻草浸湿，干牛粪、麦麸、尿素、碳铵、过磷酸钙的辅料混匀浸湿，2 天后建堆（宽 2 米、高 1.5 米，长度灵活控制）。先铺 30 厘米厚的稻草并淋足水，撒上一次辅料，如此交替循环，最后用塑料薄膜覆盖发酵。建堆 5 天后，料堆温度上升到 70～80℃，将物料充分混匀后重新建堆，高度保持不变，宽度缩至约 1.8 米，每隔 1 米设置通气孔（木棍插到底后拔除即可），盖膜继续发酵；经过 2 天，料堆内温度上升到 70℃左右时，适当揭膜增加料堆内通气量；建堆后 10 天、15 天、20 天分别进行第二次、第三次、第四次翻堆（方法第一次），料堆宽度缩至 1.5 米，高度不变。第二次、第三次翻堆时加入所需的石膏粉或碳酸钙，逐层撒在料面上；若料过干则要加水调节。第四次翻堆结束后 4～5 天，揭去薄膜，让废气排出，料堆彻底腐熟后备用。

（4）整畦、搭棚、消毒和播种　水稻收获后清理田园。开沟机开沟起垄做蘑菇栽培床，搭拱棚（高 1.8 米、宽 1.6 米），盖黑色塑料薄膜，中心留过道（宽 40 厘米、深 25 厘米），棚两端设门帘，顶上横向拉遮阳网遮盖，四周开好排水沟。进料前 2 天用 80% 敌敌畏 800 倍液喷雾杀虫，再用福尔马林熏蒸，密闭一昼夜后打开两端门帘排毒。10 月中旬铺 20～25 厘米厚的腐熟料，水分含量为 60%～65%，降温至 28℃后撒播菌种，再覆盖 3 厘米

的培养料。

（5）**后期管理** 播后1～3天菇棚密封保湿，3～7天白天通小风换气，7天后逐渐加大通风量，促进菌丝生长。播种后约15天，再盖3厘米培养料，并轻撒一层石灰后喷水保湿，调节酸碱度。覆土后，大量绒毛状菌丝出现时喷结菇水，增加菇房通风量促进表土干燥，诱发菌丝扭结，米粒大小的菇蕾出现时再次喷结菇水，连喷3天，并加大通风量，促进子实体形成。此后，菇房相对湿度保持在85%～95%，水分管理为“菇多多喷，菇少少喷，晴天多喷，阴雨天少喷，前期多喷并适当加大通风量，后期少喷减少通风量”。菇棚内温度低于12℃时盖膜，喷水在中午进行，大于18℃时加强通风，喷水在一天的早晚进行。根据出菇量，可以喷洒0.2%尿素溶液或过滤稀释的沼液。

（6）**病虫害防治** 及时将病害死菇或杂菌带培养料一起清除，并撒上生石灰粉消毒；用2.5%溴氰菊酯乳油3000倍液喷杀螨虫和菇蝇。

三、水稻－马铃薯高效复种模式

（一）茬口安排

水稻4月上中旬开始育秧，4月下旬至5月上旬完成栽插，8月下旬进行收获，生育期约140天；秋马铃薯9月上旬整地下种，11月下旬着手收获，生育期约90天；春马铃薯在12月中下旬播种，翌年4月上中旬收获，生育期约110天。

（二）品种选择

春马铃薯应选用高产优质、生育期短、大薯率高、抗病性强、薯块整齐、适口性好、耐低温的脱毒种薯。水稻选用产量高、抗病强、品质优、生育期短的品种。秋马铃薯选择商品性好、大薯率高、耐肥的高抗品种，或者从春马铃薯中挑选 50 克左右无病虫害、无机械损伤、健壮饱满的作种薯。

（三）关键栽培技术

1. 春马铃薯栽培技术

（1）适期播种　一般在 12 月中下旬播种脱毒种薯。秋薯收获后，每亩地施 3000～4000 千克的粪肥，整地时翻入土壤，深松土壤。种植时，畦宽 2 米，开好厢沟（宽 30 厘米、深 30 厘米），种植 5～6 行，行距 30 厘米、株距 30 厘米，用柴灰包裹种薯撬窝种植，覆土 3 厘米左右，两行间开沟施用 70 千克 / 亩的复合肥（15∶15∶15）和 30 千克 / 亩控释肥，施肥深度为 10～15 厘米。

（2）田间管理和病虫防治　地下害虫以防为主，播种前，每亩在 50 千克细砂土中加入 50% 辛硫磷乳剂 400～500 克或 3% 辛硫磷颗粒 1.5～2 千克，混匀后施入穴底，然后再下种盖土。选用脱毒种薯，减少种传病害和晚疫病，出苗后重点防治蚜虫、飞虱、叶蝉；每 100 米 ^{2} 用 1.5% 烷醇 · 硫酸铜乳剂 120～180 毫升加水 30 升稀释后喷施，可防治病毒病，或用 25% 甲霜灵可湿性粉剂 600～800 倍液喷淋苗床防治晚疫病。

（3）看市收获　4 月上中旬，当马铃薯具有一定产量、市场价格较高时，及时收获上市销售。

2. 单季稻栽培技术　秧田选择肥水条件好的田块，采用旱育秧、半湿润育秧，秧龄控制在 30～35 天，2 叶期结合浇水施用一次复合肥，培育壮秧。若采用机插，则秧龄可适当缩短。其余管理措施参考常规育秧相关内容。整地施肥，适期移栽。春马铃薯收获后，清除藤蔓后翻耕整地、灌水。移栽前，每亩基施 12 千克尿素，30 千克过磷酸钙，7 千克氯化钾，移栽密度为 15 万 / 公顷。收获前 7～10 天断水，其余田间管理、病虫草害防治同当地单季稻生产。

3. 秋马铃薯栽培技术　从春薯中选取 50 克左右的种薯，用

70% 甲基硫菌灵可湿性粉剂 800 倍液浸泡半分钟后捞出，晾干备用。水稻收获后，翻地的同时混入农家肥 4 000～6 000 千克 / 亩。种植时，畦宽 2 米，开好厢沟（宽 30 厘米、深 30 厘米），种植 5～6 行，行距 30 厘米、株距 30 厘米，用柴灰包裹种薯撬窝种植，覆土 3 厘米左右，两行间开沟施用 50～70 千克 / 亩复合肥（15∶15∶15）和 30 千克 / 亩控释肥，施肥深度为 10～15 厘米。每亩种植密度在 3 500 穴左右，可采用稻草覆盖，减少水分损失和提高土壤温度。出苗后及时引苗，若遇干旱及时灌水，以灌沟底水为宜。施肥、除草等与春马铃薯生产相同。在霜降前后，马铃薯产量已基本形成，视市场行情适时收获。

4. 经济效益 水稻以 550 千克 / 亩计，产值为 1 375 元 / 亩；春马铃薯以 1 200 千克 / 亩计，产值 4 800 元；秋马铃薯以 1 000 千克 / 亩计，产值 3 000 元，总产值达 9 175 元 / 亩，扣除农资成本，每亩年利润一般在 5 500 元左右。

四、水稻－红萝卜高效复种模式

（一）茬口安排

水稻 3 月下旬至 4 月初育秧，5 月上旬开始移栽，9 月上旬收割；萝卜 9 月下旬整地播种，11 月下旬开始收获上市。

（二）品种选择

水稻选用优质高产、耐肥抗倒、抗病性强的品种；萝卜选择商品性好、抗病性强、产量高、耐低温的品种，比如“红宝”“七叶红”。

（三）关键栽培技术

1. 水稻栽培技术 采用旱育秧或湿润育秧，苗床选在光照充足、排灌方便、土壤肥沃、病虫少的地块。苗床内均匀撒施“旱育保姆”，用量为1包/亩，每平方米施用腐熟的有机肥8千克、优质粪肥3千克、复合肥0.5千克，均匀耙入0～15厘米土层，喷水后覆膜待用。水稻种子经过水选后，采用浸种药剂泡48小时，保温催芽露白后均匀撒播。出苗前保持床内温度30～35℃，若遇低温，则可在播种后及时搭拱架覆膜，秧苗1叶期至3叶期，苗床温度维持在20℃左右，3叶期开始揭膜炼苗，最后完全揭膜。稻田施肥、移栽、病虫草防控和收获参考当地水稻常规管理。水稻收获前7天，及时排水。

2. 萝卜栽培技术

（1）整地、做畦、施基肥　水稻收获后，有条件的地方将稻草切碎（长度7厘米左右），深埋到15～25厘米土壤里，同时按照4000千克/亩的用量施用腐熟的有机肥，让有机肥和土壤均匀混合。按照宽1.8米，沟深30厘米、沟宽40厘米做畦，然后撒施复合肥40千克/亩，翻耙土壤，保持畦面土壤疏松、平整、细碎均匀。

（2）播种及后期管理　采用撒播。出苗后根据长势早间苗，2片真叶时进行第一次间苗，留苗平均间距为8厘米，10天后可再次间苗，此时留苗平均间距为15厘米。若采用穴播方式，则每穴播种5～6粒种子，盖细砂土1～2厘米，出苗后7天间苗，每穴留苗4～5棵，过10天可再次间苗，每穴留苗1～2棵。中耕除草可与第一次间苗同步进行。萝卜在破白和直根膨大时泼洒稀粪水。萝卜对水分需求较多，所以需勤浇水，在直根膨大期，土壤浇水以湿润为标准。

（3）病虫防治　萝卜生长期容易出现软腐病、花叶病、蚜虫、菜青虫等。主要防治措施：一是挑选无病种子，种子浸泡消毒；二是选择抗病品种，播种前清除杂草，施用彻底腐熟的有机肥；三是选用10%吡虫啉可湿性粉剂10克/亩、苏云金杆菌（Bt）300倍液＋25%杀虫双水剂500倍液，或者乐果、敌杀死、敌百虫可溶性粉剂等农药喷施，防治病虫害。

（4）**依据长势，看市收获**　红萝卜以鲜食为主，容易烂市，应该赶早收获上市，过早产量低，过晚易空心。

五、水稻－西瓜（番茄）高效复种模式

（一）茬口安排

水稻5月上旬播种育秧，6月中旬移栽大田，10月中下旬开始收获。西瓜1月底或2月初开始育苗，3月上旬定植，5月中下旬收获上市。

（二）品种选择

水稻选择高产优质，生育期适中、抗性强，适于机械收割的主推品种。西瓜选择品质优良、耐弱光、耐低温、高温下坐果率高、瓜形好的品种。

（三）关键栽培技术

1. 水稻栽培技术

（1）**播种及育秧**　采用25%氰烯菌酯悬浮剂2 000～3 000倍液浸种48小时，浸后洗净催芽，其余措施同当地单季稻育秧。及时补肥以确保大秧龄苗壮。

（2）**整地、施肥和移栽**　西瓜或番茄收获后，及时泡水翻土整地，土壤沉实后，施用复合肥（15：15：15）40千克/亩，移栽行株距为25厘米×25厘米，每穴2～3苗。

（3）**后期管理**　移栽后7天撒施尿素8～10千克/亩、氯化钾10千克/亩，浅水分蘖，够苗晒田，有水抽穗，干湿交替灌浆壮粒，直至成熟，收割前7天断水。

（4）**病虫害防治**　重点防治螟虫、稻纵卷叶螟，药剂选用氟

虫腈悬浮剂、阿维菌素乳油、毒死蜱乳油等；使用三环唑可湿性粉剂、春雷霉素可湿性粉剂防治稻瘟病；发病初期喷施井冈霉素等农药防治纹枯病、稻曲病。

（5）**及时收获**　成熟度达95%时收割，收获后将稻草切碎还田。

2. 西瓜栽培技术

（1）**营养杯培育壮苗**　将菜地土壤和腐熟的粪肥按比例5∶2混合，每立方米混合土壤中再加入3千克复合肥，此外混入适量的杀虫剂和杀菌剂，撒少量的水，混合堆沤2周后装杯育苗。杯底放入腐熟土2厘米，播2粒瓜种，播后覆土0.5厘米，然后将其均匀摆在2米宽的厢面上，0.4米高的拱盖上覆透明农膜。及时摘除夹在叶子上的种壳，营养杯中的土出现干丝时用喷雾器洒水，加强揭膜通风管理，待3叶1心期移栽至大田。

（2）**整地、施肥和定植**　清除田间带病杂草，每亩地施用腐熟农家肥或优质有机肥4000千克，翻地时将其与土壤充分混匀，平整后做畦，宽1.8米，开沟机开沟，沟深40厘米。定植前1天厢面喷施除草剂（每亩用50毫升960克/升的精-异丙甲草胺乳油）等，盖膜，翌日每厢面种植2行，行距0.8～1米、株距0.5～0.6米。揻膜挖穴，每穴种植1株带土瓜苗，压实周边泥土，然后将地膜盖严。

（3）**田间管理**　移栽后1周（蔓长30～35厘米）时，在每穴旁边5厘米处开孔施肥，每亩施尿素4～5千克。在瓜苗长至50～60厘米时施催蔓肥，每亩用复合肥30千克和控释肥20千克，在距瓜苗根部20～25厘米处开沟施入，覆土后浇水。坐果后7～10天，喷施叶面肥并进行防病除草，促其果实迅速膨大。采用2蔓或3蔓整枝，即在主蔓第三至第五节上留1～2条健壮侧蔓，及时摘除多余侧蔓，同时将主蔓理至厢面的中心位置。

（4）**授粉和留瓜**　晴天上午8时至11时，摘下已开放的雄花，除去花瓣，轻轻涂抹在已开花的雌花柱头上，其上有明显黄粉即可。一般在第二、第三朵雌花上留瓜，坐瓜稳定后（一般为10天）选留一个果形好的，在其下垫草，再隔10天翻瓜一次，并在果实上盖阔叶植物叶片。

（5）病虫害防治 西瓜常见病虫害用药推荐见表12–2。

表12–2 西瓜病虫害常用防治药剂

病　害	常用药剂	施药方式 / 频率
枯萎病	发病初期用40%多菌灵500～800倍液	灌根，每隔5～7天灌1次，连灌2次
炭疽病	10%苯醚甲环唑水分散粒剂1000倍液或25%咪鲜胺乳油1000倍液	叶面喷雾，间隔5天，连喷3次
疫病、霜霉病	64%噁霜·锰锌可湿性粉剂1000倍液或72%霜脲·锰锌可湿性粉剂800倍液	喷雾
病毒病（兼杀灭蚜虫）	10%病毒酰胺1000倍液	喷雾
细菌性角斑病	72%农用硫酸链霉素可湿性粉剂3000倍液	喷雾
瓜绢螟	35%克蛾宝乳油2000倍液或1.8%阿维菌素2000倍液	喷雾
瓜蚜、白粉虱	18%吡虫啉可湿性粉剂2000倍液	喷雾
黄守瓜幼虫及地下害虫	80%敌百虫可湿性粉剂1000倍液	灌根
红蜘蛛、蓟马	73%克螨特乳油3000倍液	喷雾

（6）及时采收 收获前15天停止用药，收获忌早和过熟。

3. 番茄种植技术

（1）育苗 选择肥沃的大田土壤，按照1000千克 / 亩施入完全腐熟的农家肥，并施入多菌灵、草木灰等进行消毒，翻地后做畦，长×宽×高＝5米×1.2米×0.1米。种子用25℃温水浸泡12小时，10%磷酸钠溶液浸泡30分钟，洗净后包裹在湿润的纱布中催芽，超过90%的种子露白即可撒播到畦面上，搭小拱棚覆膜，1～2 片真叶转入营养钵（钵内营养土与苗床一致）。

（2）培肥、整地做畦和移栽　每亩地施用有机肥 3 000 千克、复合肥 100 千克，整地时均匀混入土壤。整地结束做畦，畦宽 1 米，沟宽 30 厘米、沟深 15 厘米。移栽前 1 天，将畦整成龟背形，畦面喷洒除草剂和杀虫剂，然后覆膜。茄苗带土攊窝移栽，每畦种植 2 行，行距 80 厘米，株距 50 厘米，栽后用土封严、压牢。

（3）后期田间管理　移栽后 1 天施提苗肥，第一序果膨大开始，每隔 10～15 天追肥 1 次，每次肥料施用量为尿素 20～25 千克 / 亩、草木灰 50～100 千克 / 亩。多雨季节注意通沟排水，适当增加沟宽和沟深。立架前，中耕、除草和培土同步进行。株高达到 30 厘米时立架绑蔓（采用“人”字形，高约 2 米），无线生长型番茄品种只留主干，每株保留 6～7 个花序，植株长至支架顶端时，及时打顶摘心。后期及时清理黄叶、病叶，增强通风透光。

（4）病害防治　防治早疫病的主要措施：10% 硫酸铜浸种 15 分钟，洗净播种；发病初期喷 0.5% 波尔多液，间隔 10 天喷施 80% 代森锰锌可湿性粉剂 500 倍液等。防治晚疫病：25% 甲霜灵可湿性粉剂 600 倍液，或 77% 可杀得（氢氧化铜）可湿性粉剂 400 倍液等喷雾，每隔 7～10 天防治一次。

（5）及时采收　早晨或傍晚进行采收，采收后及时销售，或者转入冷库暂存。

水稻高效复种模式要因地制宜，合理安排茬口，适时安全收获。高产的水稻品种通常生育期都较长，容易与蔬菜种植产生冲突。采收果实类的蔬菜应适时育苗移栽，及时疏花疏果，确保在翌年种植水稻前完成采收。合理安排劳动强度，提高机械作业水平。山区水稻、蔬菜生产环节的机械化水平较低，人工需求较大，势必会增加劳动强度和生产成本。有条件的地区，可以适当完善生产设施建设，在种植和收获等重要环节增加小型农机具的投入，如微耕机、手扶式拖拉机整地耙地、稻田开沟机进行开沟

作业、机动喷雾器防病虫草、除草机进行中耕除草作业等。种植期间需要紧跟市场导向，构建畅通的供需信息平台。该模式条件下，增收增效主要依靠蔬菜，然而蔬菜多以鲜食为主，不适宜长期保存，因此必须紧跟市场供需信息，确保蔬菜产品售卖及时。山区具有得天独厚的优越条件，空气、水体、土壤受污染少，容易产出优质的水稻和蔬菜。复种指数增加容易导致土壤的养分亏缺，因此要足量施用有机肥，适量施用化肥，适时休整养地。

第十三章
稻米产业化经营模式

水稻生产长期以来都是作为主要的粮食作物，用来解决吃饱问题。因此，水稻品种多为高产类型，其品质和口感没有得到足够的重视。生产上种植的优质米品种以优质三级居多，达到国颁一级和二级标准以上的高档优质米，种植面积比重达不到水稻种植面积的 20%，难以满足优质米产业的发展要求。稻米产业化经营需要优质的功能大米。

一、优质稻米概念及标准

（一）概　念

我国水稻以食用为主，约占稻米消费总量的 80%～85%，其余用于米制食品加工、发酵工业（酿酒、米醋、味精）及饲料等。稻米品质要求取决于用途。因此，优质稻米包括两类：一是专指食用型优质稻米，主要根据国家或地方制定的相关标准进行评价确定；二是指具有特殊用途的稻米品种。人们所说的优质稻大多是指优质食用稻米，一般要求蒸煮后米饭适口性好、软硬适中不黏结、冷饭不回生。但不同地区、不同消费者的食用习惯存在差异，对稻米品质的要求也不同。一个表现良好的优质稻米品种，可能会被更好的品种取代，或者因为品种退化、气候异常、栽培不当等因素影响了品种原有优质特性的发挥。随着人们生活水平的日益提高和育种栽培技术的不断进步，优质稻米的品质要求和评定标准也随之在发展更新。

（二）评定标准

1. 优质稻米部颁标准　为了统一评定优质稻品种和推进优质稻米生产，农业部于1986年颁布了我国第一个优质稻米农业行业标准NY/T 20—1986《优质食用稻米》，主要针对品种而设，分为一级和二级两个级别的优质稻。标准根据稻米商品性，从碾米品质（包括糙米率、精米率、整精米率）、外观品质（包括粒型、垩白度、透明度）、蒸煮食味品质（包括糊化温度、胶稠度、直链淀粉）、营养品质（蛋白质）、食味鉴定（包括气味、色泽、适口性、冷饭质地）等五个方面对食用稻米品质进行系统评价。通常要求优质食用稻米应具有整精米率高，籼稻粒形细长、粳稻粒形卵圆适中，垩白小，透明度高，糊化温度低（碱消值大），胶稠度长，籼稻直链淀粉含量适中、糯稻直链淀粉含量低，米饭食味好等优点。2002年，为了更好地满足水稻品种选育、审定和推广需求，适应水稻品种结构调整新形势，发展优质食用稻米产业，农业部在NY/T 20—1986《优质食用稻米》和GB/T 17891—1999《优质稻谷》的基础上，制定发布了NY/T 593—2002《食用稻品种品质》标准，增加了质量指数、糯稻米的白度及阴糯米率指标，以及籼稻粒形分类和食用稻品种品质的综合评判规则，把食用稻品种分为籼稻、粳稻、籼糯稻、粳糯稻四类和五个等级。2013年农业部重新修订了食用稻品种品质指标和等级要求，目前现行有效的NY/T 593—2013《食用稻品种品质》标准，将食用稻品种分为籼稻、粳稻、籼糯稻、粳糯稻四类和三个等级，籼稻和粳稻的品质等级指标见表13-1、糯稻品种的品质等级指标见13-2。以品质指标全部符合相应水稻等级要求的最低等级判定。稻米检测结果达到品种品质等级要求中一等全项指标的定为一级；有一项或一项以上指标达不到一级的，则降为二级；有一项或一项以上指标达不到二级的，则降为三级；依此类推。品种品质达到三级以上（含三级）为优质食用稻品种，低于三级为普通食用稻品种。

表 13–1　籼稻品种和粳稻品种的品质等级指标

<table>
<tr><th colspan="3" rowspan="2">品质性状</th><th colspan="3">籼　稻</th><th colspan="3">粳　稻</th></tr>
<tr><th>一　级</th><th>二　级</th><th>三　级</th><th>一　级</th><th>二　级</th><th>三　级</th></tr>
<tr><td colspan="3">糙米率（%）</td><td>≥ 81.0</td><td>≥ 79.0</td><td>≥ 77.0</td><td>≥ 83.0</td><td>≥ 81.0</td><td>≥ 79.0</td></tr>
<tr><td colspan="3">整精米率（%）</td><td>≥ 58.0</td><td>≥ 55.0</td><td>≥ 52.0</td><td>≥ 69.0</td><td>≥ 66.0</td><td>≥ 63.0</td></tr>
<tr><td colspan="3">垩白度（%）</td><td>≤ 1</td><td>≤ 3</td><td>≤ 5</td><td>≤ 1</td><td>≤ 3</td><td>≤ 5</td></tr>
<tr><td colspan="3">透明度（级）</td><td>≤ 1</td><td colspan="2">≤ 2</td><td>≤ 1</td><td colspan="2">≤ 2</td></tr>
<tr><td rowspan="4">蒸煮食用</td><td>Ⅰ</td><td>感官评价（分）</td><td>≥ 90</td><td>≥ 80</td><td>≥ 70</td><td>≥ 90</td><td>≥ 80</td><td>≥ 70</td></tr>
<tr><td rowspan="3">Ⅱ</td><td>碱消值（级）</td><td colspan="2">≥ 6.0</td><td>≥ 5.0</td><td colspan="2">≥ 7.0</td><td>≥ 6.0</td></tr>
<tr><td>胶稠度（毫米）</td><td colspan="2">≥ 60</td><td>≥ 50</td><td colspan="2">≥ 70</td><td>≥ 60</td></tr>
<tr><td>直链淀粉（干基）（%）</td><td>13.0～18.0</td><td>13.0～20.0</td><td>13.0～22.0</td><td>13.0～18.0</td><td>13.0～19.0</td><td>13.0～20.0</td></tr>
</table>

表 13–2　糯稻品种的品质等级指标

<table>
<tr><th colspan="3" rowspan="2">品质性状</th><th colspan="3">籼糯稻</th><th colspan="3">粳糯稻</th></tr>
<tr><th>一　级</th><th>二　级</th><th>三　级</th><th>一　级</th><th>二　级</th><th>三　级</th></tr>
<tr><td colspan="3">糙米率（%）</td><td>≥ 81.0</td><td>≥ 79.0</td><td>≥ 77.0</td><td>≥ 83.0</td><td>≥ 81.0</td><td>≥ 79.0</td></tr>
<tr><td colspan="3">整精米率（%）</td><td>≥ 58.0</td><td>≥ 55.0</td><td>≥ 52.0</td><td>≥ 69.0</td><td>≥ 66.0</td><td>≥ 63.0</td></tr>
<tr><td colspan="3">阴糯米率（%）</td><td>≤ 1</td><td>≤ 3</td><td>≤ 5</td><td>≤ 1</td><td>≤ 3</td><td>≤ 5</td></tr>
<tr><td colspan="3">白度（级）</td><td>≤ 1</td><td colspan="2">≤ 2</td><td>≤ 1</td><td colspan="2">≤ 2</td></tr>
<tr><td rowspan="4">蒸煮食用</td><td>Ⅰ</td><td>感官评价（分）</td><td>≥ 90</td><td>≥ 80</td><td>≥ 70</td><td>≥ 90</td><td>≥ 80</td><td>≥ 70</td></tr>
<tr><td rowspan="3">Ⅱ</td><td>碱消值（级）</td><td colspan="2">≥ 6.0</td><td>≥ 5.0</td><td colspan="2">≥ 7.0</td><td>≥ 6.0</td></tr>
<tr><td>胶稠度（毫米）</td><td colspan="2">≥ 100</td><td>≥ 90</td><td colspan="2">≥ 100</td><td>≥ 90</td></tr>
<tr><td>直链淀粉（干基）（%）</td><td colspan="3">≤ 2.0</td><td colspan="3">≤ 2.0</td></tr>
</table>

2. 优质稻谷国家标准 1999年，国家质量技术监督局颁布实施了国家标准GB/T 17891—1999《优质稻谷》，主要针对稻谷质量而设，在国家颁布的GB 1350—1999《稻谷》质量标准的基础上，增加了优质稻谷的特性理化指标，将稻谷分成籼稻谷、粳稻谷、籼糯稻谷、粳糯稻谷四类，以及一级、二级、三级3个等级，符合该标准要求的稻谷就是优质食用稻谷，不符合该标准要求的稻谷，为普通食用稻谷。其理化指标采用了NY/T 20—1986《优质食用稻米》中的主要指标，针对水稻品种直链淀粉含量低，食味品尝评分偏高的现象，在各级别中均增加了直链淀粉的含量下限。在定级方法上，以整精米率、垩白度、直链淀粉含量、食味品质为定级指标，应达到表13-3中的规定；出糙率、垩白粒率、胶稠度、粒型、不完善粒、异品种粒等指标中，若有两项以上（含两项）指标不符合但不低于下一个等级指标的降一级定等；上述任何一项指标达不到二级要求时，不能作为优质稻谷。一般来说，米饭柔软适口、食味好，整精米率高、垩白度低、透明度好、长粒型的优质稻米品种比较受消费者和生产者的欢迎。

表13-3 优质稻谷分级指标

类别	等级	出糙率（%）≥	整精米率（%）≥	垩白粒率（%）≤	垩白度（%）≤	直链淀粉（干基）（%）	食味品质（分）≥	胶稠度（毫米）≥	粒型（长宽比）≥	不完善粒（%）≤	异品种粒（%）≤	水分（%）≤
籼稻谷	1	79.0	56.0	10	1.0	17.0～22.0	90	70	2.8	2.0	1.0	13.5
	2	77.0	54.0	20	3.0	16.0～23.0	80	60	2.8	3.0	2.0	13.5
	3	75.0	52.0	30	5.0	15.0～24.0	70	50	2.8	5.0	3.0	13.5
粳稻谷	1	81.0	66.0	10	1.0	15.0～18.0	90	80	—	2.0	1.0	14.5
	2	79.0	64.0	20	3.0	15.0～19.0	80	70	—	3.0	2.0	14.5
	3	77.0	62.0	30	5.0	15.0～20.0	70	60	—	5.0	3.0	14.5
籼糯稻谷	—	77.0	54.0			≤2.0	70	100		5.0	3.0	13.5
粳糯稻谷	—	80.0	60.0			≤2.0	70	100		5.0	3.0	14.5

二、优质稻米品牌创建

优质稻米的产业化需要品牌带动，做优质稻米需要按品种生产、加工、销售。好的大米需要一个名字，品牌是农产品通向市场的“身份证”，可以追溯，是农产品信誉质量的“保证书”。

品牌名字可根据地理、特色、环境等命名。像越光大米（日本）是按品种命名的，五常大米按地理命名，黄河口大米按地理标志命名。

有了稻米的品牌名字，还需要创建品牌的影响，维护品牌信誉。好的大米从生产到加工要按照标准实施。一是选择优质品种。二是标准化生产。如绿色、有机大米，严格按照绿色、有机大米标准生产，确保大米的优质、安全。生产地的环境、灌溉水、农业投入品等要符合标准要求，在按标准生产的同时应申请绿色、有机大米认证。三是稻谷烘干、加工。稻谷收获后，不同的烘干和加工方法会让稻米的质量不同。优质稻米的烘干速度不能太快，加工的稻谷含水量也不能太低，不然影响稻米的外观和口感。四是稻米包装。稻米包装应简洁、方便、有特色，一般根据情况和消费者的需求，可按 1 千克、2 千克、5 千克包装，质量较好的大米一般为 5 千克包装较多，不提倡过度包装。

有条件的单位，实施稻米质量的追溯制，确保稻米产品符合市场要求。开展品牌的创建宣传，利用媒体宣传稻米文化，推进品牌。一方面通过品种、技术、设备融合，不断提升内在品质，另一方面通过注册大米品牌商标、申请地理标志产品保护、加强企业自身宣传、政府推荐、产销对接等多措并举，强化品牌影响力。要不断创新优质大米品种，通过加大科技投入、改革传统工艺、加强内部管理等措施增强市场竞争力。

三、优质稻米营销模式

（一）合作共赢经营

优质稻米的经营需要有实力的主体，如种粮大户、家庭农场、合作社或企业等龙头企业，由龙头企业带动优质稻品种种植户，经加工、销售，实现风险共担、利益共享。

优质稻米产业化开发起步阶段，主要采用“公司＋农户”的订单式生产，并通过委托稻米加工，统一包装进行销售。这种经营模式单一，组织形式松散，风险不能共担，利益也不能共享。随着优质大米经营主体发展壮大，优质稻米产业化开发模式不断创新，组建“企业＋合作社＋家庭农场（种植大户）”等合作经营模式，可实现风险共担、利益共享。企业负责产业化经营、品牌创建、统一包装、产品销售，技术培训等。合作社按照企业产品要求，提供“五统一”专业化配套服务，开展优质稻米产业化技术示范推广。家庭农场（种植大户）按要求负责生产管理，接受企业、合作社的指导和服务。加大水稻生产环境和农资投入品质量监控，实现标准化、规范化生产，积极发展无公害稻米、绿色稻米、有机稻米。依托市场，发展基地生产，通过龙头企业的带动作用，推进农业产业化经营。

加快土地流转，扩大生产和经营规模。实施机械化生产，提高劳动生产效率。加强基础条件建设和更新生产、加工装备，提高稻米品种和产量。优质稻品种连片种植，合理生产布局，提高作业效益，提高产品质量。优质稻米产业化主体也应积极与主管部门对接，拓宽信息渠道，争取政策支持。

（二）拓宽优质稻米销售渠道

优质稻米的销售有多重渠道，可以通过农展会展示、上门联系推销，也可以进入超市、专卖店，靠亲朋好友和老客户推荐等。现在信息传递很迅速，可以开个网店在网上销售，实现线上线下同步销售。

第十四章
美丽乡村稻田

当前经济欠发达地区存在发展资金缺乏问题，要因地制宜，发挥资源优势，发展水稻高效种植模式和产业化模式，从优质高产品种、育秧、栽插、肥水管理、种植制度、种养结合、抗灾减灾及稻米产业化等方面为经济欠发达地区的稻农增收提供模式和技术，未来的乡村稻田将更美丽。

一、水稻生态田园小镇

构建以水稻为主体，其他农产品为特色，硬件设施为亮点的“田园综合体”，是乡村稻田产业发展的优势。水稻生态田园综合体跟普通农田综合体的不同之处在于水，水是生命之源，有水的地方自然会产生景观。生态的特色是人为干预少，尽可能地接近于自然，营造一个稳定的农田生态系统，并形成良性循环。没有化肥，没有农药，稻田间鱼、虾、蟹、鸭子混养，在提高经济收入的同时促进了生态循环。

水稻生态田园的影响分为三大部分：经济效益、社会效益和生态效益。经济效益表现在自然条件下生长的产品具有绿色、天然、健康的特点，利润较高；生态效益表现在禁农药、禁化肥、保水源的措施，使得土壤性状不断优化，土壤中有机质含量增多，水中小鱼、小虾成群，低等动物的增加吸引了大量捕食鸟

类，慢慢地从食物链形成食物网，增强了当地生态系统的稳定性；社会效益指在农村开展特色农业，带动农村变美，农民变富，农业变强，并通过特色化产业吸引投资，带动农村发展。

二、打造景观稻田模式

打造稻田景观，以普通水稻为主色，在其基础上用其他颜色的水稻做出图案、文字等。在农业景观中融入艺术，针对不同人群打造不同主题的稻田景观，把稻田变成一件艺术品。当人们提到农业的时候，印象不再是简单的庄稼、黄土、劳务，而是吸引人们更多地理解农业、体会农业、开发农业，吸引城市居民去消费、观光。随着社会发展速度和城镇化速度的加快，城市污染问题日益严重，绿化面积减少，城市居民接近自然和享受自然的机会减少，所以景观稻田应运而生，为城市居民提供旅游、采摘、亲近自然的机会。

三、特色稻田发展模式

实施乡村振兴战略，首要解决农业问题。新时代背景下，在确保粮食安全的基础上，如何赋予农业于特色、美丽、情怀、文化，实现农业的“多功能性”？如何实现农业生产、生活、生态的“三生合一”？山西阳泉盂县东头村消失 40 年的特色高山稻田的再次出现对其进行了很好的阐释。当地山清水秀、自然资源充裕，研究人员从农业园区公园化的思路出发，以种植山西少见的水稻品种为载体，以文化创意和科技支撑为两翼，建设“大田景观艺术”“稻田捕捞体验互动”“科普拓展”“休闲娱乐”等板块，把休闲农业、养生度假、文化艺术、农事活动等有机结合起来，展示了田园产业的美丽恢宏，从而形成旅游内核，把农业生产与旅游观光结合起来。当 6 月份绿油油的水稻大田波光粼粼的时候，老百姓感受到了他们的周边在悄然发生着变化，原来公路上不会停止行驶的车辆会在地头边放慢车速摇下车窗，稀有的外地游客慢慢变得络绎不绝；稻田水体里有了小鱼虾游荡，蜻蜓在叶尖上飞行。当地老百姓说这在近 20 年是根本不可以想象的。国庆佳节之际，稻花飘香，登高眺望稻田景观，穿燕尾服的青年男子携手长裙飘飘的女子随稻浪翩翩起舞；一对海豚母子在逐球而戏；山水之美四个大字跃然稻穗之上。稻田中，成群的喜鹊、灰鹳、白鹳、捕鱼鹳久久盘旋停留，人、自然、生物是如此的和谐美丽。

参考文献

[1] 王品，魏星，张朝，等. 稻低温冷害和高温热害的研究进展资源科学[J]. 2014，36（11）：2316-2326.

[2] 杨洛淼，孙健，赵宏伟，等. 不同年份冷水胁迫下水稻抽穗期和产量性状的 QTL 分析[J]. 中国农业科学，2016，49（18）：3489-3503.

[3] 张巍巍，柴永山，孙玉友，等. 黑龙江不同积温带水稻品种对不同时段低温冷害的适应性研究[J]. 中国稻米，2016，22（5）：38-41.

[4] 曾研华，张玉屏，潘晓华，等. 花后不同时段低温对籼粳杂交稻稻米品质性状的影响[J]. 中国水稻科学，2017，31（2）：166-174.

[5] 王士强，陈书强，赵海红，等. 孕穗期低温胁迫对寒地水稻产量构成与株型特征的影响[J]. 沈阳农业大学学报，2016，47（2）：129-134.

[6] 宋涛，高艳，张明坤，等. 水稻低温冷害研究现状探讨[J]. 现代农业科技，2016（14）：56-57.

[7] 陈慧珍，江卫平，谢蔚，等. 水稻耐冷性研究进展及建议[J]. 湖北农业科学. 2015，54（2）：257-261。

[8] 张荣萍. 水稻耐冷性机制研究进展湖北农业科学[J]. 2015，54（16）：3844-3847。

[9] 曾研华，张玉屏，王亚梁，等. 籼粳杂交稻枝梗和颖花形成的播期效应[J]. 中国农业科学，2015，48（7）：1300-

1310.

[10] 朱德峰，张玉屏，陈惠哲，等. 中国水稻高产栽培技术创新与实践 [J]. 中国农业科学，2015，48(17)：3404–3414.

[11] 胡春丽，李辑，焦敏，等. 东北地区水稻障碍型低温冷害变化对区域气候增暖的响应 [J]. 气象科技，2015，43(4)：744–749.

[12] 褚荣浩，申双和，李萌，等. 安徽省中季稻生育期高温热害发生规律分析 [J]. 中国农业气象. 2015，36(4)：506–512.

[13] 王强，陈雷，张晓丽，等. 化学调控对水稻高温热害的缓解作用研究 [J]. 中国稻米. 2015，21(4) 80–82.

[14] 王亚梁，张玉屏，曾研华，等. 水稻穗分化期高温对颖花分化及退化的影响 [J]. 中国农业气象. 2015，36(6)：724–731.

[15] 雷享亮，吴强，卢大磊，等. 水稻抽穗开花期高温热害影响机理及其缓解技术研究进展 [J]. 江西农业学报，2014，26(11)：10–15.

[16] 熊伟，杨婕，吴文斌，等. 中国水稻生产对历史气候变化的敏感性和脆弱性 [J]. 生态学报，2013，33(2)：0509–0518.

[17] 段骅，杨建昌. 高温对水稻的影响及其机制的研究进展 [J]. 中国水稻科学，2012，26(4)：393–400.

[18] 詹文莲，徐玲玲. 泾县水稻高温热害的发生特点及防御对策 [J]. 现代农业科技，2011,(1)：198.

[19] 邓强辉，潘晓华，吴建富，等. 稻鸭共育生态效应及经济效益 [J]. 生态学杂志，2007，26(4)：582–586.

[20] 冯尚宗，唐开平，王世伟，等. 稻鸭生态栽培模式对有机水稻生长和产量的影响 [J]. 2013,(5)：504–506.

[21] 金连登，朱智伟，朱凤姑，等. “稻鸭共育”技术与我

国有机水稻种植的作用分析［J］. 农业环境与发展，2008,（2）：49-52.

［22］熊国平. 稻虾轮作、共生模式种养技术与效益［J］. 湖南水利水电，2016,（4）：74-79.

［23］徐大兵，贾平安，彭成林，等. 稻虾共作模式下稻田杂草生长和群落多样性的调查［J］. 湖北农业科学，2015，54（22）：5599-5602.

［24］奚业文，周洵. 稻虾连作共作稻田生态系统中物质循环和效益初步分析［J］. 中国水产，2016,（3）：78-82.

［25］刘全科，周普国，朱文达，等. 稻虾共作模式对稻田杂草的控制效果及其经济效益［J］. 2017，56（10）：1859-1862.

［26］袁伟玲，曹凑贵，汪金平，等. 稻鱼共生生态系统浮游植物群落结构和生物多样性［J］. 2010，30（1）：0253-0257.

［27］张剑，胡亮亮，任伟征，等. 稻鱼系统中田鱼对资源的利用及对水稻生长的影响［J］. 应用生态学报，2017，28（1）：299-307.

［28］安辉，刘鸣达，王耀晶，等. 不同稻蟹生产模式对土壤活性有机碳和酶活性的影响［J］. 生态学报，2012，32（15）：4753-4761.

［29］安辉，刘鸣达，王厚鑫，等. 不同稻蟹生产模式对稻蟹产量和稻米品质的影响［J］. 核农学报，2012，26（3）：0581-0586.

［30］唐玉兰. 早春茄子－水稻－菠菜高产高效栽培技术［J］. 安徽农学通报（下半月刊），2009，15（14）：217-218.

［31］江文远. “早稻－西瓜－蘑菇”高效种植模式与栽培技术［J］. 南方农业（园林花卉版），2011，5（5）：66-69.

［32］卢永彬，蒋文泽. 蘑菇无公害高产栽培技术［J］. 福建农业科技，2010,（5）：16-18.

［33］陈秀炳，张宏梓，陈青. 无公害双孢蘑菇高产优质栽

培技术［J］. 上海农业科技，2008,（3）：85-87.

［34］汪暖，黄洪明，吴美娟. “春马铃薯 - 单季稻 - 秋马铃薯”效益分析及栽培技术［J］. 安徽农学通报（下半月刊），2009，15（10）：129-130.

［35］高芳. 浅谈马铃薯复种水稻亩产栽培技术［J］. 农民致富之友，2013,（8）：161.

［36］范万贵. “马铃薯 - 双季优质杂交稻”耕作模式配套技术［J］. 杂交水稻，2005,（5）：52-53.

［37］蒋富友，蒋富坤，杨丹. 喀斯特山区稻田免耕冬种马铃薯用稻草覆盖栽培新技术［J］. 科学种养，2012,（12）：14.

［38］詹绍跃. 萝卜丰产栽培技术［J］. 农技服务，2011，28（5）：605-606.

［39］蒋静一，马清国. 萝卜高产栽培技术［J］. 农民致富之友，2011,（14）：106.

［40］胡光瑞，胡晔妫. 山区毛豆、中稻、萝卜一年三熟高产高效栽培技术［J］. 上海农业科技，2010,（3）：96，125.

［41］徐必维，张顺陶，李涛，等. 早春大棚黄瓜 - 水稻 - 萝卜连作高效栽培模式［J］. 现代园艺，2014,（14）：47-48.

［42］潘银山. 稻田萝卜 - 马铃薯 - 水稻一年三熟高效栽培技术［J］. 现代农业科技，2014,（1）：112-113.

［43］王强，王德荣，熊元忠. 水稻 - 萝卜 - 早熟豇豆周年高效栽培模式［J］. 蔬菜，2013,（11）：31-33.

［44］陈晓明，王肇萍，张赉涌，等. 双孢蘑菇 - 西瓜 - 水稻高效生态种植模式研究［J］. 长江蔬菜，2009,（22）：21-24.

［45］姜若勇，张黎杰，臧建阳. 水萝卜 - 西瓜（番茄）- 水稻高效栽培模式［J］. 上海蔬菜，2012,（2）：41-42.